西南大学学科建设经费专项资助
西南大学普惠金融与农业农村发展研究中心资助

西南大学农林经济管理一流培育学科建设系列丛书（第二辑）

Research on Construction and Innovation of Education and Training Mode for Outstanding Agricultural and Forestry Talents

卓越农林人才教育培养模式的建设与创新研究

高云峰　著

U0213597

科学出版社

北　京

内 容 简 介

　　培养有国际竞争力的卓越人才是强国富民的重要保障，也是未来教育改革的发展方向，本书旨在揭示全球卓越农林人才培养的内在机制与一般规律，探索中国卓越农林人才的培养模式，为中国卓越农林人才培养机制的创新提供政策建议。本书梳理了卓越人才培养与评价的基础理论，借鉴和考察了国外著名高校优势农林学科人才培养的先进经验，针对国内部分高校的农林卓越人才培养实践展开案例分析，论证了产学研相结合、跨学科、多元个性化培养模式的实现路径，提出了卓越农林人才培养机制创新的具体建议和政策保障措施。

　　本书可作为农业经济管理及教育专业的本科生、研究生的参考用书，也可为相关领域研究人员和政府部门提供经验借鉴和决策参考。

图书在版编目(CIP)数据

卓越农林人才教育培养模式的建设与创新研究 / 高云峰著. — 北京：科学出版社，2021.5

(西南大学农林经济管理一流培育学科建设系列丛书. 第二辑)
ISBN 978-7-03-068485-1

Ⅰ.①卓⋯　Ⅱ.①高⋯　Ⅲ.①农业技术-人才培养-研究-高等学校②林业-人才培养-研究-高等学校　Ⅳ.①S-4

中国版本图书馆 CIP 数据核字（2021）第 055350 号

责任编辑：刘　琳　黄　桥 / 责任校对：彭　映
责任印制：罗　科 / 封面设计：墨创文化

科学出版社 出版
北京东黄城根北街16号
邮政编码：100717
http://www.sciencep.com

成都锦瑞印刷有限责任公司 印刷
科学出版社发行　各地新华书店经销

*

2021 年 5 月第 一 版　开本：B5（720×1000）
2021 年 5 月第一次印刷　印张：12
字数：240 000

定价：**108.00 元**
（如有印装质量问题，我社负责调换）

前　　言

　　在经济全球化不断深入发展、科技进步日新月异的今天，卓越人才的贡献和作用越来越突出，培养具有国际竞争力的创新人才已成为未来教育改革的共识。2010 年 7 月教育部制定颁布了《国家中长期教育改革和发展规划纲要》，指出了我国人才培养中存在着教育观念落后，教育体制机制不完善，创新型、实用型、复合型人才紧缺等诸多问题，并对未来中国高等教育改革指明了方向，要求各高校优化学科专业与层次结构，扩大应用型、复合型、技能型人才的培养规模，创新高校办学的组织模式，培育跨学科、跨领域的科研与教学相结合的师资队伍，形成一批世界一流学科，培养一批拔尖创新人才。

　　在国家中长期教育改革总体战略方针的指导下，为了加快推进农业科技创新、持续增强农产品供给保障能力，进一步深化高等农林教育的综合改革，提升高等农林院校服务农业现代化和社会主义新农村建设的能力与水平，教育部、原农业部、原国家林业局提出了要主动适应国家、区域经济社会和农业现代化需要，启动实施了"卓越农林人才教育培养计划"，旨在培养一批高层次、高水平拔尖创新型人才，培养一大批复合应用型人才，培养数以万计下得去、留得住、用得上、懂经营、善管理的实用技能型人才。农林高校和部分综合性大学根据自身的学科优势，纷纷推出了 140 个拔尖创新型、实用技能型、复合应用型农林人才试点项目，农林类学科的建设热情高涨，农林类高校的学科分层更加明显。

　　本书正是在国家实施人才兴国战略和深化高等教育改革的背景下，以高等农林院校的卓越农林人才培养为研究对象，梳理和借鉴了卓越人才培养与评价的基础理论，借鉴和考察了国外著名高校优势农林学科人才培养的先进经验，针对部分高校农林卓越人才培养实践开展典型案例分析，总结了我国农林院校的学科发展水平，评价了我国农林高校卓越人才培养质量，论证了产学研相结合、跨学科培养、多元个性化的卓越人才培养模式，提出了包括奖助机制、质量保障机制、人才评价机制创新的建议，并从教育规划、财政支持、公共服务等方面，给出了卓越农林人才培养的政策保障措施。

　　本书是在高云峰主持的重庆市文科重点基地项目"卓越农林人才教育培养模式的建设与创新研究"最终研究成果的基础上，由高云峰主撰，赵晓燕、刘海伦、聂裕等共同著述完成。本书的出版得到了西南大学普惠金融与农业农村发展研究中心的科研基金资助以及西南大学专业核心课程建设项目和课程思政项目"国际金融学"的经费支持。本人在研究过程中得到了西南大学社科处、经济管理学院的大力支持和帮助,作者表示诚挚的谢意。

高云峰

2019 年 11 月 26 日

目　　录

第1章 卓越农林人才培养的概念框架

1.1 卓越人才培养理论借鉴

1.1.1 多元智能理论

多元智能理论最早由哈佛大学心理学教授霍华德·加德纳(Howard Gardner)提出，他把智能定义为：在某种社会或文化环境以及价值标准下，个体在生产和创造出有效产品时，解决自己遇到真正难题时所需要的能力。他将智能划分为七个不同种类，即语言智能、逻辑-数理智能、视觉空间智能、音乐智能、身体运动智能、人际关系智能和内省智能，之后又增加了自然观察智能和存在智能。霍华德的多元智能理论最突出的地方在于强调了智能和智力的不同，即使是智力水平低于常人的群体，他们完全可能在上述某项智能上超出常人。霍华德的这一研究成果是通过对大量的脑损伤群体、自闭症患者、正常人、天才的个体行为进行比较研究后得出的，该理论打破了以往仅凭智力这一因素来解释个人能力差异的局限。该理论推出后迅速引起美国社会的广泛关注，并成为西方国家20世纪90年代以来教育改革的指导性思想之一。

(1)语言智能(verbal-linguistic intelligence)：具有较强的语言表达以及洞察复杂内涵的能力，表现为个人能够高效地与他人沟通并且准确表达出自己的思维想法，这种能力通常在主持人、演说家、记者、律师等职业人群中表现得比较突出。

(2)逻辑-数理智能(logical-mathematical intelligence)：指运用计算、量化、总结、推理及进行复杂数学运算的能力。计算机程序设计实践证明，编程语言程序设计能力较强的学生，通常也是数学逻辑思维较强者。

(3)视觉空间智能(visual-spatial intelligence)：对线条、色彩、空间、形状等以及它们之间的关系表现出较高的敏锐度，并且能够以二维、三维的方式进行思考。图像设计与处理、美工设计、彩绘、动画处理等专业的学生在这方面往往表现出不凡的能力。

(4)音乐智能(musical intelligence)：指对节奏、音色、音调和旋律的敏锐程度和把控能力。对于从小学习声乐或者乐器的学生，其音乐智能一般比普通学生更加突出。

（5）身体运动智能（body-kinesthetic intelligence）：强调人们操作器物或者准确调整身体及动作的能力。运动员、舞蹈家、内外科手术医生通常具备这样的能力。

（6）人际关系智能（interpersonal intelligence）：指能够正确理解他人并且能和他人进行有效沟通，人际关系智能包括组织能力、协商能力、分析能力和联系能力。主持人、管理人员、市场营销岗位人员这方面智能通常比较突出。

（7）内省智能（self-questioning intelligence）：对自我进行感知和反省，并且能够应用这种智能来规划和指导自己的人生。我们通常能在哲学家、作家和心理学家等人才身上看到这种能力。

（8）自然观察智能（naturalist intelligence）：指识别自然界中物体和气味或是察觉环境发生变化的能力，该能力包括对社会和对自然的探索两个方面。这种智能的代表人物有生物学家、动物学家、猎人、农夫等。

（9）存在智能（existential intelligence）：人们对生存、死亡和终极本质相关问题的思考与分析能力。思想家和哲学家是这方面智能的代表人物，如亚里士多德、孔子等。①

多元智能理论指出，人的智能具有以下四个特性：第一是智能具有普遍性，即每个人都拥有智能，就算是脑损伤病人一部分智能因为损伤而缺失，也不会影响到大脑未损伤区域负责的其他智能正常运行；第二是智能具有差异性，在普遍拥有智能的基础上，由于个体间以及个体内部智能的发达程度和组合方式不同，表现出来的智能水平也有所不同；第三是智能具有发展性，人的智能可以通过后天的培养和学习来加以改变，根据发展心理学的研究结果，每种智能发展的时间规律是不一样的，比如五岁儿童通过训练可能拥有很好的音乐智能，但是却很难让他的身体运动智能达到很高的水平；第四则是智能具有组合性，即不同智能之间并不是绝对孤立的，而是相对联系的，比如一个足球运动员参加世界杯，他需要运用到的智能不仅有身体运动智能，还需要视觉空间智能和人际关系智能等等。

在评测方面，传统的智力测验主要测量语文、数理逻辑和空间关系等方面的能力，而通常不注重诸如音乐、身体运动、自然观察等方面的智能。而霍华德认为智能并不能轻易被量化，目前能够测量的仅仅有语言智能和逻辑-数理智能，其他智能则更多地表现为运用该智能解决问题或者创造出有价值的新事物的能力。多元智能理论强调教育者应关注学生智能的多元化与差异性，突出发展学生的优势智能，带动弱项智能的发展，从而提高学生的学习能力和创造能力，促进学生的全面发展。运用这项理论的关键是我们不应轻易放弃任何一个学生，即使是身患自闭症或者是抑郁症的人，也可能拥有十分杰出的能力。美国女科学家坦普·葛兰汀（Temple Grandin）自幼患有自闭症，但却在畜牧处理设备设计和建造领域表现出了非凡的天赋，她不仅获得了伊利诺伊大学的畜牧科学博士学位，而且成了动

---

① 该智能还没有找到对应的脑神经基础，所以霍华德将其定义为"半个"智能（Gardner，2006）。

物行为和动物福利研究的著名专家。

随着多元智能理论的发展和普及，人们的教育观也随之发生了改变，包括编班模式、课程安排和教育评估方式等方面。在编班模式方面，多元智能理论认为对在某些方面特别优秀的特殊学生，应将其安排在普通班级之中，因为这类学生与其他学生的交流和合作，有助于提升其弱势智能的发育发展，老师需要留意到每个学生能力方面的差异，并且用不同的教学方式对每个学生补缺促优。课程安排方面，多元智能理论强调将学生视为一个完整的个体，以学生的优势智能作为出发点，设计出适合学生的教育方法，同时对于学生的弱势智能也应设法补足，因此多元智能理论强调根据学生的能力发展特点补缺促优，同时促使教育者不要仅从智力提升的角度去教育学生。在教育评估方式方面，传统的纸笔测验作为评估学生学习成效的方式是不够的，按照多元智能的观点，应更加强调真实性的评估，也就是利用多种评估方式，动态考查学生能力。

多元智能理论极大地改变了人们对卓越人才的片面理解，以往人们认为卓越人才就是很会读书或者是很会考试的学生，但多元智能理论指出了智能的多面性和发展性，不强调以智力区分学生，而强调对学生内在差异的了解和因势利导，培养学生的主体意识和参与意识。该理论把人的智能与卓越的特殊性描述得更加全面和精确，强调了智能的差异性，明确了每个人都有自己独特的卓越方面。该理论自 20 世纪 80 年代初期被提出之后，对全球教育学界一直有着广泛而深刻的影响，尤其对我国"以成绩论英雄"的教育风气产生了很大的冲击，为我国教育事业的改革发展提供了指导性的思想，也对卓越人才培养理论的研究具有极强的借鉴作用。

1.1.2　三环卓越理论

三环卓越理论(three-ring conception of giftedness)由时任全美天才教育研究会会长的约瑟夫·兰祖利(Joseph S. Renzulli)及其团队提出，其对卓越概念的理论界定极具代表性，他们提出的培养模式在全球教育界广受认可。三环卓越理论认为，卓越人才应具备以下三个要素：

(1)高于平均水平的能力。这里的能力并不仅仅是指智商高或者是学术有所建树，还包括抽象思维能力、记忆力、语言表达能力、逻辑等方面的一般能力以及能够恰当运用自己学到的文化知识和社会经验进行领导或者管理的特殊能力。

(2)执着精神。它是指一旦找到自己所感兴趣和热爱的领域就坚持不懈地研究下去，并给自己制定一个较高的目标，朝着自己制定的目标持之以恒地努力钻研，遇到困难绝不轻言放弃，充满斗志。大量的研究表明，非智力因素在人的成长方面起着很大的作用，尤其是人的内在动力，表现出来的锲而不舍的精神更是卓越人才所必须具有的特性。

(3)创造力。它是指对事物表现出来的特质具有敏感性，可以提出和别人不一样的问题并且对问题的解答有自己独创性的看法，具有和他人不一样的独特眼光和思维。历史上许多伟大的发明家平时学习成绩不一定有多么突出，但是因为他们对事物本质的观察具有超出常人的敏感性和深刻性，常常能站在不同于常人的角度去思考问题。

以上三个要素如同三个紧紧相扣的圆环，三环重叠的部分也就是我们所探索的"卓越"。高于平均水平的能力被视为一个稳定的部分，大部分是与生俱来的，但是约瑟夫认为执着精神和创造力也是卓越判断标准不可忽视的因素，这两个因素是可以通过后天培养的，甚至是需要在机缘巧合下被激发出来的。

约瑟夫认为卓越人才分成两种类型，第一类是传统意义上的卓越人才，即在学校教育中成绩突出，表现优异的学生；第二类是具有创新特质的卓越人才。对于这两种类型的人才，培养方式应该是有所区别的。前者在学习课本知识上通常比其他学生更快更好，学校应该为其制定适合的学习方案，如压缩学制、调整课程、加速学习，给予他们更多时间做更有挑战性的工作。第二类学生通常具有新颖的想法和思维，对事物的看法和对问题的解决方法都有着独特的角度，应给予其充分发挥才能的机会，尽可能为其提供优质的学习资源，给予充分宽松的思考环境，只有经过有针对性的培养，他们的作品或者工作才有可能取得突出的成绩。

三环卓越理论打破了用智商判定一个人是否是卓越人才的传统，它提出了卓越人才的界定不应该仅仅通过智商(intelligence quotient，IQ)的高低来判断，还应加入执着精神和创造力这类精神意志和性格特征的判断标准。该理论并不主张通过简单评测来判断对象是否是卓越人才，而是通过发掘对象的潜力从而使之成长为卓越人才。约瑟夫认为识别卓越人才应该从两类信息出发，第一类是静态信息，也就是我们常说的成绩排名、论文分数以及教师评语等可以直接识别的信息；第二类是动态信息，主要从学生平时的活动表现中观察得出。在三环卓越理论的实践中，约瑟夫主张学校通过学业测试、创新能力测试、教师提名、面试、执行力测试等环节筛选出部分学生，然后对这些学生进行评估，量身定做适合他们的培养方式，加速课程学习，压缩学制，以培养出对社会具有贡献力的人才。

在培养卓越人才方面，三环卓越理论提出了三位一体教育模式(enrichment triad model)，该模式主要通过以下三类活动来培养学生的才能。第一类活动是"一般探索活动"，让学生们了解他们平时接触不到的学科、案例以及知识领域，激发他们的兴趣，找到自己擅长并且感兴趣的领域。第二类活动是集体培训，对智力超群人才的培训与调查发现，大部分智力超常的学生在课堂上主动提问或进行课堂陈述的能力要高于与他人合作完成作业的能力，所以卓越人才还需要培养集体意识，建立合作共赢的观念。第三类活动是个人及小组对实际问题进行研究，在这个部分中，学生选择自己感兴趣的研究领域，在老师指导下，运用自己前期积累的知识以及自身独特的创造力思维，设计计划，实施计划，参与项目的整个过程，最后提出具有创造性的成果，并由专家评定，确定成果得分。只有通过评估学生对实际问题的探索和解决的能力，才能真正发现卓越人才。三位一体教育模式并不是针对少部分极具天赋的人才，相反，大多数学生都适用于第一类和第二类活动，而对于第三类活动的完成，则是通过特定项目的设定与参与，培养和锻炼学生高于平均水平的能力，同时将他们的创造力、投入和决心结合起来。研究结果表明，接受了这种教育模式的学生的成绩在整个学区的分数都是最高的，而且他们长大后选择的职业以及取得的成就与他们在项目中选择的课题关联度很高。三位一体教育模式对学生兴趣给予了极大的关注度，所有的培养活动都是从兴趣出发；他们组织的小组活动是根据老师和学生的兴趣分别进行分配的，配对成功后由老师带领学生一起探索学习，这样既培养了学生的兴趣，又培养了学生的执着精神。

三环卓越理论为选拔卓越人才提供了具有创新性和实践性的判断标准，根据这个理论，卓越人才的培养过程不仅是让学生获得更多的信息和知识，更要让学生感受到学习的快乐，让他们以饱满的热情投入到自己的学业中，只有以兴趣作为学习的导师，找到适合自己的学习方法，并且得到充分的机会和资源，才能培养出真正的卓越人才。三环卓越理论对于我国的卓越人才选拔制度的建立具有十分重要的借鉴意义，目前我国选拔人才的主要方式是"一考定终生"，一次高考几乎决定了学生未来的培养方向和目标，而三环卓越理论则打破了这种桎梏，它认为对卓越人才的识别不应一蹴而就，而是要通过不断的跟踪观察得出，只有通过对学生智力、性格和创造力等等的综合考察，才能得出关于这个学生能否成为卓越人才的结论。

1.1.3　创造力评测理论

吉尔福特(Guilford)在 1950 年提出了智力的结构模型理论，该理论将智力分成思考过程、思考内容和思考结果三个维度进行构建，而思考过程就包括了认知、记忆、扩散思维、聚合思维和评价五种能力，其中的扩散思维也就是我们所认为的创造性思维或者创造力。创造力具有流畅性、变通性、新颖性以及适应性等特征，其中新颖性和适应性是创造力概念中的核心特质。新颖性意味着全新的观点和看法，相对于自身所处的环境而言具有创新性和独特性，让人觉得耳目一新；适应性被归纳为在特定的条件和背景下，该观点具有自洽的合理性；这两个特性是创造力与其他特质相比明显不同的地方。后续学者的研究主要是通过对以上两个特性的衡量来作为对创造力评测的结果，并且把创造力评测作为判断学生是否卓越的主要鉴定方法。随着人们对卓越人才认识的不断深入，创造力也被视为评估卓越人才的标准之一，创造力评测依据已有的创造力理论对学生进行测验，通过测验结果定量描述学生的创造力水平。

罗德(Rhodes，1961)在分析了近五十种创造力的定义后，认为创造力可以用四个"P"来归纳其定义，即创造者(person)、创造过程(process)、创造产品(product)和创造环境(place)。人们在 20 世纪 70 年代后开始探讨创造力的产生到底是因为先天性的条件还是后天的培养，以及何者的影响更大，其中 Kelly(1973)提出了较为中肯的看法，他认为低水平即一般创造力可归因为个人特质，所谓一般创造力也就是常人都能拥有和表现出来的能力，一般创造力主要是由人的先天性条件所决定；而卓越创造力只有少部分人拥有，这部分人可以凭借其卓越的创造力做出极大的社会贡献，卓越创造力更多地归因于环境因素，表现为个人特质与环境之间的互动。具备这种卓越创造力的人就可以视为卓越人才，只要加以细心和耐心的培养就有可能成为优秀的人才。

既然创造力如此重要，那么究竟该如何评测一个人创造能力的高低？学术界关于创造能力的高低已经有不少于 225 种测验方法(Torrance and Goff，1989)，在这些方法之中，各种创造力量表和问卷是创造力测评的第一选择，因此我们选取其中一些具有代表性的方法进行说明。创造力量表由三种测验类型组成，第一种是根据列出来的物品写出所有可能的其他用途，被列出来的物品一般都是常见的物品，比如皮鞋、纽扣、图钉等等，题目已给出一个范例答案，被试者要求写出该物品的其他六种用途；第二种是将标题补全，题目是一个故事，被试者要求看完这个故事后补全标题，主要考查被试者归纳和转变已有信息的能力；第三种则是将结果补全，向被试者提供五个假设性的情景，比如发现了地球上的外星人，要求被试者写出结果，题目给了四个范例答案，另有二十行空格提供给被试者写出他们心中的答案。托雷斯还设计了创造力思维测验，他认为创造就是察觉出别人没有察觉的部分然后形成假设，再进行检验考查以后得出确定的答案，最后将结论与他人进行交流。他编制的创造力思维测验分成语文和图画两个版本，这两个版本又被分为 AB 两式，以语文 A 式为例，此量表共有七个分测试。被试者要求在题目下方尽可能写出自己对某个客体的疑问，然后根据流畅性、变通性和独创性三个标准进行评分，而创造力的分数就是这三部分得分相加。流畅性，即计算被试者产生了多少点子；变通性，即计算被试者得出答案所运用到的方法数量；独创性，即被试者产生疑问的质量，通常是通过计算每个答案的出现率，参照相关的参照表，被试者答案出现频率越低，则独创性越高。

威廉姆斯创造力测验是另一个被广泛使用的创造力测试。该套测试包括三类，第一类是认知评估测试，即创造力思维活动测验，要求被试者完成十二个未完成的图形并为其完成的图案取名。第二类是情意评估测试，评估被测试者的冒险性、好奇心、想象力和挑战性四种特质。冒险性，包括勇于面对质疑和批评，并在怀疑中继续探索自己想要研究的东西；好奇心，即对新鲜事物保持热情与求知欲，乐于探索奥妙，把握住特殊的现象，得出结论；想象力，即创造性，在已有形象的基础上联想出或者构造出新的事物；挑战性，即愿意解决复杂问题，能够从杂乱中理清思路的能力。评测量表总分就是将冒险性、好奇心、想象力和挑战性四项分数相加。第三类是创造力思维和倾向测试，它是由第三人，如老师、家长等，观察学生的行为表现后加以评定，包括认知和情感两个维度，共有四十八个题项，采用三点量表进行评估，包括八个因素，每个因素各有六道题，此外还有四道开放式问答题。

除创造力量表评测外，问卷评测也是常用的方法。问卷评测具有代表性的有伯德编制的创造力矩阵问卷(Byrd，1986)。该问卷包括五十六道题目，采用九点量表进行评估，其中二十八道题评估创造性思维，另外二十八道题评估冒险性。量表的计分方式是分别将两个维度上的各道题目的得分相加，再将总分分成低、中、高三个等级。然后将所有人的得分绘成"创造力-冒险"两个维度的矩阵，可将每个人列入以下八种类型的其中之一：复制者、修改者、挑战者、实践者、改革者、合成者、梦想家和计划者。其中复制者的两项得分都是低的，而改革者的两项得分都高，而梦想家则是创造力维度得分高，冒险维度上的得分低。

思维风格问卷(Sternberg and Grigorenko，1993)也被用于创造力评测。耶鲁大学心理学和教育学教授斯特恩贝格(Sternberg，1995)认为思维风格是创造力的关键，而思维风格指的是一个运用已知智慧的方法，斯特恩贝格区分出了三种思维风格，分别是行政型、立法型和司法型。行政型喜欢照着已有的规则做事，创造力并不明显；而立法型喜欢创造自己的结构，这是富有创造力的思维风格；司法型喜欢评估别人、事情以及规则。思维风格问卷分成三个部分，第一个部分是学生自评；第二个部分是老师评估学生，比如"他喜欢评价其他规则的合理性"；第三个部分是老师评估自己的教学方式，例如"我认同我们的教学氛围比较严肃"。从第一和第二部分可以了解到学生自己的学习风格，从第三部分可以了解到老师的教学方式对学生思维风格的影响。

长期以来，创造力都是心理学家和教育学家关注的领域，但是对创造力测评的争论从来没有停止过。其争论的原因主要有以下三点：一是针对创造力自身所具有的复杂性和主观性，一些研究者对评测创造力的可行性提出了质疑；二是很多研究者对创造力有着不一样的认识和理论界定，所以他们评估的标准往往有所不同，而已有的创造力测评方法之间的相关度又太低，比如如果一个测量方法包括了对顿悟性思维的测试，而另一个测量方法没有，那这两个测量方法得出的分数就没有可比性；三是有些创造力测评和智力测评有着很高的关联度，导致创造力评测得分与实际创造力水平有一定差距。总之，如何对卓越人才的创造力进行准确评测仍然是一个发展性的课题。

1.2 有关卓越人才培养的研究综述

1.2.1 卓越人才特征内涵的相关研究

互联网经济时代的到来，让我们深刻意识到当今世界的竞争已不仅仅是经济的竞争、自然资源的竞争，更是综合国力的竞争，是人才的竞争，而一个国家的人才竞争力不仅仅取决于科技、农业、工程等不同领域表现卓越的人才数量和质量，更体现在国民整体素质的高低。2002 年中国加入 WTO 后，面对经济全球化的到来以及综合国力竞争的不断升级，中共中央、国务院制定和下发了《2002—2005 年全国人才队伍建设规划纲要》，首次提出"实施人才强国战略"，强调人才队伍建设对于我国建设中国特色社会主义事业的重要性，明确了人才队伍建设的指导方针和目标，对不同类型的人才管理和培养制度提出了改革的方向与要求。邓小平曾经指出，"当今世界的竞争，归根到底是人才的竞争"。而对于卓越人才的内涵，各个国家都有着自己的标准。

《现代汉语词典》对卓越的解释是"非常优秀，超出一般"。根据我国教育部有关卓越人才培养计划的文件精神，可以将卓越人才的基本素质概括为以下四个可观测的特征：①责任感，包括对他人、社会和环境的责任感，以及对自我的责任感。责任感是一种对社会积极有利的品质，具有责任感的人一般有着自己的准则和目标，对待工作积极努力，尽职尽责，不会推脱责任。②创新性，卓越人才要能够适应不断变化的环境，面对问题能提出具有自己独特眼光的新见解和新思路，并将自己的新观点用于实践上，从而创造出有价值的产品。③应用性，卓越人才要能具备与自己职业需求相关的技能，从通用标准上看，也就是具备基本素质、基础知识、专业知识和基本能力。④国际化，即在时代发展的背景下，立足长远，卓越人才应具有国际视野和跨文化交流、合作与竞争的能力（王庆石等，2013）。

从教育部对卓越系列人才培养计划的目标中可以看出，其对卓越人才内涵强调了三个"面向"，即"面向实践、面向世界、面向未来"。面向实践，即卓越人才是具备各自专业领域内的基本实践能力的人才；面向世界，即卓越人才具备专业活动能力在空间上的拓展性，具有国际化视角和能力；面向未来，即卓越人才有着长远而清晰的眼光，能够探查到所在领域的前沿性动态。卓越人才应当具备科研能力、实践能力、学习能力、交流能力和创新能力，能够很好地适应周围环境变化，发现问题并提出解决问题的新思路，创造出有价值、对社会有益的产品，并且具备积极向上的性格、坚韧不拔的精神以及对社会的责任感，同时具有敏锐的观察力，能够发现前沿动态，观察到国际上发生的变化并且具备国际化交流的能力。

美国研究型大学对卓越人才的鉴别与认定，主要与个体的创造性(creativity)、天赋潜能(potential talent)、学术性向(scholastic aptitude)及成就(product)等有关(陈超和郄海霞，2013)。创造性是指个体能够提出新颖的想法或对事物有着不一样的看法和思考角度，能够创造出有价值的产品，也称为创造力；天赋潜能是一个多维概念，包括智商、创造力、空间想象力、数字敏感度等不同领域的不同表现；学术性向，即学术上的自然倾向、能力以及个性；成就，即在某一专业领域所取得的成绩。美国为吸引卓越人才移民，推出了美国杰出人才绿卡(EB-1A green card)，申请该绿卡的条件是：在科学、艺术、教育、商业或体育领域里具有特殊能力，得到广泛认可，取得很高成就，并且享有国家级或国际性的声誉与成就，其成就和贡献在该领域达到顶峰。只有在某个领域出类拔萃的人物，才具有申请的资格，并且在获得杰出人才绿卡后，需要在美国继续从事该领域的工作，为美国社会的相关发展做出贡献。

英国对人才的衡量带有功利主义和实用主义的色彩，认为卓越人才必须是能对社会做出贡献的人，一个人即使拥有高学历也不一定就是难得的人才，但在科研项目上已经有所成就的人一定是卓越的，所以英国政府在科技政策白皮书中曾规定人才政策将会向在科技、教育等领域有突出贡献的人才倾斜。英国研究型大学对人才的界定也很明确，认为卓越人才应该是具有实践能力、优秀品质和创新精神的拔尖人才，并且对人才的类型、标准等都做了严格的要求，要求卓越人才是顶尖的、高水平的，能够为社会政治、经济、文化做出巨大贡献的领导者、研究者(靳玉乐和李红梅，2017)。

日本不仅是世界上的经济强国，也是科技强国，日本政府认为科学技术的发展是立国之本和发展之源，而促进科学技术发展和创新的本源力量正是人才。日本认为衡量人才的主要标准不是知识的多少，而是能力的高低。卓越人才应当具备知识创造的能力，即在日常学习、生活、生产、科学研究中，充分发挥个人的才干和能力，实现知识的创造与创新，日本政府强调人才应当具有创新性和自主性，通过对知识的创造创新，提升日本的科研实力和经济实力，增强国际竞争力(杨书臣，2004)。日本对人才的衡量标准可以从其对高度人才的永驻政策中看出，即只要符合申请条件，就可以取得永驻日本的资格，也被叫作"日本版外国高级专业人才绿卡"。但能否获得这个资格是通过"高度人才评分表"评估的，该表将高度人才分成了三类，第一类是高度学术研究活动类人才，适用于从事研究、指导和教育的外国人才。如果学历较高，从事的工作与学术研究和教育相关，有论文发表在学术杂志上或者有日本法务大臣承认的研究成果等，都可以进行加分。第二类是高度专门技术活动类人才，适用于在各个领域中取得一定成就的外国人才，比如法律、财会、金融、IT类人才。第三类是高度经营管理类人才，要求有管理经验和一定等级的年收入。这个评分表主要是根据申请者的学历、年龄、工作时间、年收入等硬性条件进行评分，从而判断是否赋予其资格。如果申请者持硕士学位可以加 20 分，持博士学位可以加 30 分；在年龄方面，30 岁以下加 15 分，30~34 岁加 10 分，35~39 岁加 5 分。根据 2017 年的最新政策，申请人持有 80 分以上的状态持续 1 年，持有 70 分的状态持续 3 年，即可申请永驻日本的资格。

以色列国土面积虽然狭小，但对世界科技的贡献非常大，其中重要的原因就是其对人才资源的重视。以色列对人才的需求表现出了多样化的特征，不仅需要科技方面的创新型人才，也需要能在具体工程中解决问题的工程型人才和能在实际问题中进行操作的技术型人才。以色列政府认为不论是哪个领域的卓越人才，其所具备的素质都不应该是单一的素质，应该具备多种素质，既包括与职业相关的专业素质，也包括与社会相关的人格素质。专业素质包括专业理论知识、专业实践能力和专业创新精神，人格素质包括爱国、诚信、公民意识、社会责任感等等，由于以色列特殊的地理位置和政治因素，爱国和公民意识在卓越人才的人格素质中显得尤为重要。

1.2.2　卓越人才培养选拔的相关研究

我国自古以来便有人才思想，中国古代选拔人才注重"德才兼备"，"德"与"才"二者缺一不可，这反映了古代人才思想的基本价值取向。虽然对于"德才"的概念和要求随着时代的变迁而发生着变化，但是人才需要德才兼备的思想一直延续至今，并且仍然是我国选拔人才的主流思想(秦剑军，2008)。中国科学技术大学早在 1978 年就开始了对少年卓越人才的选拔实践和培养，对于报考少年班的学生，中科大有着严格的要求，即热爱科学、身心健康、学习成绩优异、综合素质突出。中科大少年班分成三种，其中第一种是传统模式的少年班，要求 16 周岁以下的非应届高中毕业生报考，先参加全国统一高考，再进行包括心理素质、学习能力、社交能力等在内的全面素质测试，最后录取入学；第二种是创新实点班，即要求年龄 17 周岁以下的非应届高中毕业生中先参加全国高考，再参加综合自主招生考试，按成绩择优录取；第三种是理科实验班，从普通高考录取的学生中选拔产生(一般为成绩前 5%)。从中科大少年班的选拔标准中可以看出，其对录取学生的成绩要求是很高的，成绩拔尖几乎是录取的先决条件，然后再根据综合素质予以选拔。但现如今对卓越人才的选拔并不是简单地通过高考成绩或者是专业考试成绩决定，而是根据卓越人才的综合能力进行全方位的考核评估。

从专业领域划分，我们可以将卓越人才的特征分解为应用性、创新性、责任感和国际化，但这四个特征定义较为模糊，很难通过特定的考试、主观或客观标准得出被测试者是否是卓越人才。因此有学者参照美国金融理财师标准委员会对注册金融分析师职业竞争力的研究标准，将卓越金融人才的应用性、创新性、责任感和国际化四个素质特征进一步分解为"基础素质与技能标准"、"专业知识标准"和"职业技能标准"三个具体的人才素质标准，使其具有可观测性和可操作性(王庆石和刘伟，2012)。因此，将上述特征广泛化到对卓越人才的一般定义中，可以通过基础素质与技能标准、专业知识标准和职业技能标准三方面对卓越人才进行衡量，对基础素质标准的判断是卓越人才的基石，拥有专业知识是卓越人才必备的前提，而职业技能标准是判断卓越人才的关键，也就是将"知识、能力、素质"三位一体的概念，融合进对卓越人才的选拔中。有了以上对卓越人才的定义和选拔标准，针对卓越人才的培养也就有了重要基础。

为落实《国家中长期教育改革和发展规划纲要(2010—2020)》，教育部从 2010 年起组织实施了卓越系列人才培养计划。根据教育部的 2010 年的数据统计资料显示，我国在新闻传播、法学、医学、农林、工程、师范等领域实施系列卓越人才教育培养计划，覆盖千余所高校、惠及 140 余万名学生；实施科教结合、协同育人行动计划，覆盖 350 所高校、120 多家科研院所，并推动了 500 多所高校与千余家国内外知名企业共同实施产学合作协同育人项目[①]。按照教育部的要求，卓越人才培养标准被划分为通用标准和行业标准。其中，通用标准规定了各类人才培养都应达到的基本要求；行业标准规定了行业领域内具体专业的人才应达到的基本要求。卓越人才的培养还应该体现学校自身特色，即体现高校自身办学能力与专业特色，培养出具有自身学术水平的学生。卓越计划面向的人群可以通过教育层次划分，不同的培养方案针对相应领域的人才。以本科生为例，可以分为应用型人才、研究型人才和复合型人才三种培养模式，应用型人才培养模式是培养适应地方经济建设、具有专业基础知识和素质的人才，注重培养学生的实践能力；研究型人才培养模式指培养学生进行学术上的研究与深造，注重对理论的运用和创新，找出规律、发现规律并能够最终创造理论；复合型人才培养模式指以专业学科为依托、以社会需求为导向，发展实践与理论跨学科综合发展的复合型人才。《纲要》强调了学生综合素质的培养，提高人才培养质量，培养出品德优良、知识丰富的人才，帮助学生提高其创新能力，为国家培养创新型卓越人才。

美国大学对卓越人才的培养和选拔可以分为两类，一类是基本素质的选拔，它主要由各类可量化测试所组成，比如智力测试(IQ)、学术性向测试(SAT)、大学入学测试(CAT)、空间能力测试(SBT)、差异化性向测试(DAT)等，这些测试将优异者限定在极小的量化范围内(陈超和郄海霞，2013)；另一类是各种天才培养项目计划。从操作实践来看，美国研究型大学对优秀人才的选拔是通过四大举措实施的，即 PSAT、SAT、ACT、SAT Subject Tests。PSAT 是 Preliminary SAT 的缩写，即 SAT 的预考，共涉及三科：阅读、数学和写作。通常 PSAT 成绩上了

---

① 高等教育新变化"三高、三新、两加强"[EB/OL]. (2017-09-27)[2020-06-20]. http://www.moe.gov.cn/jyb_xwfb/xw_fbh/moe_2069/xwfbh_2017n/xwfb_20170928/mtbd/201709/t20170929_315706.html。

本州最低分数线的学生，才有机会或者说有资格被著名大学录取；SAT 是美国大学入学标准化考试，相当于我国的高考，现行的 SAT 共考三科，即阅读、数学和写作，分别考查学生在阅读、数学和写作方面的推理能力，并且 SAT 不限次数，学生可以用自己考的最优成绩作为向大学提交申请的资料；ACT（American College Testing）包括四科（英语、数学、阅读和科学）选择题考试，2005 年以后，又增加了写作。但与 SAT 注重一般性语言和定量推理不同，ACT 注重学生在日常课程中得到的启示，强调被考察者在科学领域的学术成就和能力；SAT Subject Tests 由美国国家大学委员会发起并组织实施，学生对所考学科的选择一方面按照自己所选大学和专业的要求，另一方面考虑了自己的兴趣和特长，优异的 SAT Subject Tests 成绩向大学提供了学生本人的兴趣专长和特定的学术背景，从而为录取增加了可能性（李冬，2013）。美国各研究型大学都有自己的选拔程序，但是通常的选拔模式是先考察学生是否具有成为卓越人才的必要素养，再进行相应的考核和面试，达到标准以后即可进行分阶段性的系统学习。整个过程遵循自愿自主的原则，因为他们坚信只有在家长的支持下，在充分宽松的条件下才可以培养出更加优秀的人才。从美国研究型大学选拔优秀人才的过程中可以看出美国和中国在选拔人才方面的不同，中国的现状是"一考定终生"，通过一次高考几乎决定学生未来的培养方向和目标。而美国则是学生可以选择多次参加考核，通过多方面的考察和挖掘，确定自身是否具有巨大的、独特的潜能，这样最大化了学生自身和社会的效用。

美国研究型大学对卓越人才的培养遵循"早鉴别，早培养"的原则，许多大学有着特定的卓越人才或天才培养项目计划，其中最著名的是约翰霍普金斯大学的 CTY 项目和西北大学的 CTD 项目。约翰霍普金斯大学（The Johns Hopkins University）的天才青少年培养中心（John Hopkins Center for Talented Youth，CTY），是全美历史最悠久、最权威的天才教育研究机构之一，该中心成立于 1979 年，全球已经有 15 万名学员，包括 Facebook 创始人扎克伯格、Google 创始人谢尔盖·布林等各界精英。天才青少年培养中心为有天分的孩子主要提供三类教育计划：暑期夏令营（summer programs）、在线教育（online education）、家庭学术计划（family academic programs），该中心不提倡学生们通过跳级等加速形式完成学业，而是以一种补充的方式来满足优质学生的教育需求。西北大学"天才培养中心"（Center for Talent Development，CTD），是美国最负盛名的三大天才青少年培养机构之一。CTD 项目主要内容是通过先进的教学手段和高强度的课程内容，培养和锻炼天才学生。CTD 项目包括搜索和评估人才（Talent Search Assessment）、周末项目（Weekend Programs）、夏令营项目（Summer Programs）、线上活动（Online Programs）、服务-学习项目（Service-Learning Programs）以及奖学金计划（Jack Kent Cooke Scholarship Program），其中每一个项目都有着自己的特色和培养点。比如服务-学习项目中的公民教育计划（Civic Education Project，CEP），该计划通过探索在健康、人权、法律、政治和城市发展等领域发挥作用的职业，使城市成为一个教室，学生们通过在这个教室里学习，在重要的社会问题上获得实践经验。CTD项目没有带队老师，因此极大地锻炼了学生的自学能力和综合能力，被学生称为"改变人生"的计划。

总的来看，美国研究型大学对卓越人才的培养遵循几个原则：首先是优先吸收顶尖天才学生入学，他们认为只有提前进行优质生源的鉴定和选拔，才能做到早发现，早培养；其次他们十分注重培养和保持优质学生的竞争能力，通过开展小组学习和独自探索的结合，并配合奖学金激励制度，让优质学生在充分发挥自己学习热情和能动性的基础上，与他人展开合作，共同学习，共同进步。美国研究型大学十分重视个体多样性，他们并不想批量化生产人才，而愿意针对不同学生的特长和性格特征，制定不一样的培养机制，让他们充分挖掘自己的长处和兴趣所在，从而可以极大促进学生的进步。综上所述，美国研究型大学对卓越人才的选拔标准和培养方案对我国高等教育改革有着重要的指引作用和借鉴作用，美国的培养标准和方案并不是简单地复制伟人的成功经验和标准，而是去探索、创造一个全新的、带有属于自己独特印记的人才培养体系。

英国拥有众多高等学府，其教育水平享誉世界，不管高等教育如何变革，英国重视人才培养的理念并没有发生改变。英国大学有着完善的教育质量监督体系。从二战结束以后，英国教育经费支出占国内生产总值之比重一直保持在较高水平，英国大学在校生人数不断上升，但英国精英教育的传统仍然得以保持，英国政府为此建立了一套系统的、科学高效的质量监督与评估体制，以加强高等教育的全面质量管理。国际化是英国对卓越人才衡量的重要标准，英国始终坚持促进本国科研人员与其他国家和地区优秀的科研人员进行沟通与合作，涉及领域十分广泛。在 21 世纪初，英国面对新的国际环境，发布了《卓越与机遇》白皮书，提出使大学处于知识经济活动的关键环节，并对本国科技的创新发展提供了方向和目标。之后的几年中，英国政府各部门为了适应不断变化的科技创新形势和环境，相继发布了多项教育、科技和创新领域的政策和规划(刘洋，2015)。英国政府长期致力于构建良好的科技创新环境，包括稳定的宏观经济环境、多种优惠政策下的科研环境和企业投资科技创新的市场环境，同时建立和完善科技人才评价体系，并将评价标准公布于众，做到有效、公平和透明。

在英国的高等学府中，牛津大学和剑桥大学最为著名。牛津大学作为英国最古老、最富有声望的大学之一，在世界各类大学排名中都名列前茅，是名副其实的一流大学。因此，牛津大学的入学选拔制度非常具有代表性和研究价值。牛津大学的本科招生体现了公平的选拔理念，申请者需要满足以下三个要求：首先，申请者需要是优秀的学术研究者，不论其家庭背景、种族和国别如何；其次，申请者需要在其所申请的专业领域内拥有取得成功的巨大潜质；最后，申请者被录取的可能性不受所选学院或开放申请中被申请学院的影响(万圆等，2018)。牛津大学的入学考试在追求卓越的基础上充分考虑了机会的均等性，包括申请机会均等、选拔标准均等和录取概率均等，其中选拔标准的均等被称为"基于卓越标准的公平选拔"。一方面通过申请者提供的所有信息(个人陈述、推荐信、高级水平证书成绩、早期学业记录等)建立该学生的综合素质测评，充分考虑面试成绩，力求多方面衡量学生；另一方面对高成就弱势群体给予补偿性公平，牛津大学自2018 年招生季开始，在招生过程中引入循证式的背景信息(evidence-based contextual information)，一个可以标记申请者身份的系统被所有专业采用，确保导师辨识出具备高成就但在社会地位、经济状况和教育背景上处于弱势的学生群体。大学和学院将一视同仁，将学生申请学业的选拔标准透明化，所有学生的入学申请都根据其学术价值和潜力进行评估。只有在选拔过程中充分体现公平性、真实性和有效性，才能尽可能多地招到具有潜力的优质生源。

日本作为世界发达国家和教育大国之一，其现行的高等教育入学选拔制度是首先参加一个叫作 CENTER 考试的测验，该测验包括语文、数学、英语三科常规科目，以及根据文理科选择相对应的科目。在进行第一次统考后，各大学根据自己的需求设置第二次考试，然后根据学生志愿、第一次成绩和第二次成绩综合评价学生是否合格。在进行第二次考试之前，考生将 CENTER 考试成绩提供给报考的大学，然后再参加第二次各大学的自主考试，大学根据两次成绩综合评价决定是否录取。其中部分热门的大学，会划定一个第一次 CENTER 考试的成绩分数线，未上线的考生无资格参加该大学自主进行的第二次考试。由招生高校自主进行的第二次考试，不建议采用分学科考试的方式，而是建议采用小论文、面试、考核实际技能等方式，多方面考察学生的能力。和中国的高考制度类似的是，日本对优秀生源的选拔也要通过对成绩的测试，也涵盖了语数外和对应的文理科科目，但是学生在通过第一次统考以后，还要接受报考大学的第二次测试，这次测试不仅是对于学生成绩的测试，更是对学生综合能力的测试，将学生的能力进一步进行细化。

日本总体人才战略的具体内容可以概括为以下几个方面：第一是推行"240万科技人才开发综合推进计划"，即从 2002 年开始实施大量培养科技人才的国家战略计划，目标是在 5 年时间里培养 240 万精通信息技术、环境、生物、纳米材料等学科的尖端科技人才，其中培养的实战人才面向的是部分大学生、研究生和科研人员，目的是培养出符合企业需求的技术实用型人才。第二是推进"21 世纪卓越研究基地计划"，从 2002 年起，日本文部科学省每年选择资助 50 所大学的100 多项重点科研项目，资助时长为 5 年，目的是建立一流的人才培养基地，增强日本大学的科研能力，在取得重大国际领先的科研成果的同时让一批世界顶尖级人才脱颖而出。第三是实施"科学技术人才培养综合计划"，这一计划由文部科学省制定，主要目标是培养社会产业所需人才和富有创造性的世界顶尖级研究人员，创造能够吸引人才的人文环境，建设有利于科技人才培养的社会。主要内容包括对有潜力的优秀学生进行补助，派遣青年科学家到海外一流的研究机构进行研究，以及建造具有国际竞争力的研究基地等，注重人才知识面的宽广度以及专业特长的突出程度。

以色列非常重视对尖端人才的培养，以其对博士为代表的高端人才的培养为例，其培养方案充分体现了：①国际化视野。以色列向来重视教育并且追求卓越，其通过和外国著名大学合作建立科研项目，设立经费让博士生出国交流，邀请外国著名学者来以色列的大学举办讲座等方式，充分让以色列本土的高端人才在本国接受教育的同时享受到世界各国的优秀前沿知识，以色列的大学对学术成果要求很高，他们邀请具有国际水平的机构或教授对博士生的课题和研究成果进行评审，所得研究结果必然水平较高，影响力较大。②注重研究能力。创新研究成果的取得往往是突破了原有研究的深度，所以以色列的大学对博士生的研究指导往往是让他们从小处着手，将研究做深、做精、做透。这种做研究的方式往往难度较大，十分考验和培养研究者的耐心和能力，但只有提高要求，重视研究成果的质量，才能锻炼出拔尖的人才。③学术民主。发掘学生潜力是以色列素质教育的目的之一，所以对于博士生的培养，导师鼓励打破固有规则的约束，充分发挥博士生具有创新性的想法，做自己愿意做、想做的课题，而不是应该做、必须做的课题。这点充分体现了以色列在高端人才培养中对科学素质和民主素质的重视。此外，以色列还进行了高等教育改革计划，一是通过建立以色列卓越研究中心(I-CORE)，在前沿科学领域培养出一批有才华的以色列科学家，为他们提供重要的研究基础设施并促进跨机构合作；二是加大资金投入，将竞争性研究经费的资金增加一倍；三是对预算分配模式进行全面改革，为机构努力实现该计划的目标提供明确的激励措施，包括为招聘新教师提供动力；四是开发创新教学平台和工具。并且以色列还建立了严格的人才选拔制度，一是对天才学生进行鉴定，以色列为了提高选拔出的天才儿童的质量，开发了一系列科学的选拔工具，并且被世界各国所运用；二是及早在高中阶段选拔人才，以耶路撒冷科学和艺术高级中学为例，该学校招收高中学生的标准与出身、性格、宗教、阶级因素无关，而是要求智商在 145 以上；三是大学"精英班"的破格筛选，通过对筛选出的超常高中生进行经济、计算机、数学等方面的集中专业训练，使这些具有巨大潜力的人才成为所从事领域中的佼佼者，更好地为国家做出贡献。

印度国土面积广阔，人口众多，与中国同属新兴国家。自 1990 年以来，印度经济进入高速发展时期，印度的软件业和金融业在世界上也具有较强的国际竞争力，印度裔的知识精英在美国知名企业随处可见，部分原因在于印度对高等教育的重视程度超过对基础教育的重视程度。作为发展中国家，印度的教育资源并不充裕，印度政府对基础教育的热情不高，但由于印度的人口基数大，在一定程度上保证了进入高等院校的优秀学生数量。这种教育投入的不平衡看似矛盾，但与印度国情紧密相连，印度是将有限的教育经费花到了最需要它的地方(李坤鹏，

2013)。新世纪的竞争与科技创新紧密相关,而印度又以科技人才的高产著称于世,印度科技投入占国内生产总值的比例一直较高,并且科技投资的来源多元化,包括中央政府、地方政府、高等教育部门、国有企业和私营企业;同时,印度高校在科技创新创业领域设置了专项启动资金,目的是培养出更多的科技创新创业人才。印度以市场化理念为导向,建立了独特的高等教育模式,鼓励高校科技人才创业。印度还增强校企合作力度,积极构建大学科技园区,通过与政府、企业和科研机构的合作推动产学研一体化进程,强化学生科技创新创业意识,鼓励科技创新人才参与创业活动,推动就业。印度政府逐渐完善了国内科技创新创业的评价体系,通过对高校内外部质量的评估,更好地了解高校培养优秀科技创新创业人才的能力(李娜,2013)。

印度理工学院(Indian Institute of Technology,IIT)是印度乃至世界上最顶尖的工程教育与研究机构之一,在学术界享有世界级声誉。印度理工学院的人才选拔标准对印度卓越人才培养有一定的代表性。由于印度人口众多,而高等教育资源极为有限,所以对人才的选拔十分严苛,以印度理工学院入学方式为例,入学需要参加理工学院联合入学考试(Joint Entrance Examination,IITs-JEE),该考试以难度大、录取率低闻名遐迩。IITs-JEE 分为初试和复试两场考试,大体上都分为三个独立单元,分别是:化学、数学和物理。初试结束后会进行全国排名,只有五分之一的人可以进入复试,复试结束后对初试和复试成绩综合排名前 5%的学生进行录取。IITs-JEE 的特征有:①报考条件严格。报考印度理工学院有次数限制、资格限制和年龄限制。②充分考虑社会公平。印度人口众多并且贫富不均现象十分严重,因此该考试在全国范围内设立了多个考试中心;同时,为了给弱势群体机会,特别放宽了弱势群体的报考资格限制。③顺应社会需求不断变革。不论是对考试语言的使用、考试方式的变革还是报考限制的改变,都可以看出印度理工学院为更加公平和有效地选拔拔尖人才而努力着(许文静,2010)。

1.3　卓越农林人才的类型

为深入贯彻党的十八大精神,我国教育部、农业部、国家林业局于 2014 年 9 月共同组织实施"卓越农林人才教育培养计划"。该计划是"卓越计划"的组成部分之一,按照"以人为本,德育为先,能力为重,全面发展"的总体要求,深化农林教育教学改革,为生态文明、农业现代化和社会主义新农村建设提供人才支撑、科技支撑和智力支撑。该计划提出了拔尖创新型、复合应用型和实用技能型三个类型的人才,也指明了培养卓越农林人才的三种不同模式。

1.3.1　拔尖创新型人才

胡锦涛曾在清华大学百年校庆上的讲话中指出，高等教育要注重培养拔尖创新人才，积极营造鼓励独立思考、自由探索、勇于创新的良好环境，使学生创新智慧竞相迸发，努力为培养造就更多新知识的创造者、新技术的发明者、新学科的创建者做出积极贡献①。随着知识经济时代的到来，我国迫切需要高科技创新人才来推动社会发展，增强我国在国际社会上的综合实力与国际竞争力。我国又是人口大国，三农问题长期以来都是我党工作的重中之重。习近平总书记曾指出，农业的出路在现代化。他曾在山东考察时指出"给农业插上科技的翅膀，按照增产增效并重、良种良法配套、农机农艺结合、生产生态协调的原则，促进农业技术集成化、劳动过程机械化、生产经营信息化、安全环保法治化，加快构建适应高产、优质、高效、生态、安全农业发展要求的技术体系"。纵观当前国际形势，农业领域的科技创新层出不穷，各国都在加紧研发有助于农业生产的科技产品，集约化、规模化、自动化、标准化已成为农业发展的方向，将农业与智能相结合已成为趋势，创新生产方式、提高农业生产效率迫在眉睫，而科技创新的主力是人才，因此培养拔尖创新型人才已成为我国高等教育的重要目标。

1. 拔尖创新型人才的内涵

所谓拔尖创新型人才，首先是具备较强的专业知识能力与素养，具有创新意识、创新思维与创新能力，对待事物能够提出自己独到的见解，擅长多角度看待问题，通常在某一领域具有突出的能力，能够从事创造性活动，是对社会有价值的人才。而拔尖创新型卓越农林人才，即农林领域内的精英，拥有很强的自主创新能力，在农业科技研究、开发、推广等领域居主导地位，富有强烈的责任感和使命感，不仅以知识创新为己任，更担负着农业领域的科研与智力支撑、人类的健康与福祉和构建生态文明的重要使命（姜璐等，2017）。

具备良好的思想素质是成为拔尖创新型人才的首要条件，对其的评估主要从个性品质和人格、核心价值观教育以及道德教育着手（马跃和王丰，2013）。拔尖创新型人才首先需要具备独立健全的人格，不盲从，敢于标新立异，敢于向权威发起挑战，绝不因袭任何传统，敢于挑战，勇于冒险；其次是坚持社会主义核心价值观，无论外界的诱惑多大，依然能坚持自己的初衷，不忘初心，敢为人先，为社会主义建设出一份力，把为人民谋福祉作为己任。顾秉林教授认为良好的道德教育能引导学生树立正确的理想信念，激发学生的创新兴趣和欲望，让学生掌握科学的世界观和方法论，使学生保持严谨求实的学风，从而能够更好地投身于

---

① 胡锦涛. 在庆祝清华大学建校 100 周年大会上的讲话[N]. 人民日报，2011-04-25（2）.

科研事业(顾秉林，2008)。正如被誉为"杂交水稻之父"的中国杂交水稻育种专家袁隆平，作为首届国家最高科学技术奖得主，尽管年事已高，但还是坚持埋头研究，不但解决了十几亿人的温饱问题，还培育出了海水稻。袁隆平先生曾言，他坚持不懈的原因就是想让中国人吃饱饭，这种社会责任感是拔尖创新型人才必不可少的东西，也是最珍贵的品格。

是否拥有卓越的创新能力是决定人才是否拔尖的关键所在。创新能力包括创新意识和能力。创新意识，即具备不断探索奥秘和发现真理的热情与动力，用批判的眼光看待事物，学会从不同的角度思考问题，做到不盲从、不唯书、不唯实、敢于向传统老旧的观念发起批判、敢于挑战权威。一成不变、安于现状的人很难有创新之举，这是因为他们缺乏创新的意识，认为目前存在的理论即为真理，不需要再进行完善或是修正。对社会进步的不懈追求、对群众的充分尊重和对人民利益的高度责任感都是创新意识萌芽和发展的表现(马跃和王丰，2013)。而能力主要包括经过分析、判断和推理并将感性材料整理转换为理性结果的思维能力、通过多种途径获取自己想要的知识的学习能力、探索未知领域的科研能力以及能够向他人清晰传达自己观念与研究成果的表达能力，因此，能力是一个综合性的指标。在这些综合性指标中，思维能力是核心，也是其他能力的基础。思维能力中的创造性思维是拔尖创新型人才的长板，即通过异于常人的角度看待问题、分析问题，从而提出有创造性的见解；或对已有的知识体系进行重组吸收，创造出与前人不同的成果。

创新能力必须以扎实的专业知识能力为基石。因此拔尖创新型人才需要具备良好的学识，学识包括学问和见识，学问是对于自然、社会的思维知识体系的深刻见解，见识则是对事物本质的洞察力、独到的见解和对未来的预见(王晓慧和王一凡，2006)。只有构造出了一个良好的知识体系，拥有科学的系统知识，才能更好地运用自身的创新能力，才不会将自己的创造力变为没有价值的思维发散。学识培养一方面通过课堂上的书本学习，积累自身的知识，努力站在前人的肩膀上进行思考和探索；另一方面也要从社会实践中得出结论，善于留心和观察身边的事物，并且学会思考，要有自己对事物的看法，不要盲从他人的观点。

除此之外，拔尖创新型人才还应具有属于自己的鲜明的个性特征，比如在自己感兴趣的领域孜孜不倦地进行研究，遇到困难不轻易放弃，有着超乎常人的坚韧和耐力；善于留心观察身边事物，能够察觉到事物的变化，及时观察到国际前沿研究动态，先于他人研究出成果；自信心强，不会因为一时的失败否定自己，因为科研的道路并不是一帆风顺，也许要走很多弯路才能得出正确的结论；思想独立，不跟风，有自己独到的见解，不会人云亦云，被别人的想法牵制；有着强烈的责任感，能够为他人考虑，把实现社会的发展和国家的富强当作自己的目标和前进的动力，对生活充满热情，对科研充满激情。

2. 拔尖创新型人才的培养要求

对创新人才的培养是为了适应时代的革新和对创新型人才的需求，因此不仅需要对人才定义进行更新，更需要对有关教育理念进行更新，这样才能推动教育的改革，推动对拔尖创新型人才的培养。根据教育部 2013 年 12 月发布的关于培养卓越农林人才的文件，我国从以下几个方面开展了拔尖创新型农林人才培养模式改革试点：

首先，择优选拔具有创新潜质的优秀学生是培养拔尖创新型卓越农林人才的重要基础。应改革招生方式，在公开透明的前提下严格把关，注重质量，筛选出符合标准的具有优秀创新潜能的学生。选拔方式并没有明确的具体规定，但各试点部门应该做到规范化、透明化，部分试点高校实施按高考总成绩、英语和数学单科成绩进行选拔，经研究确定初步入选的学生名单，重点考查学生高中阶段相应学科的特长和创新潜质。在此基础上，综合确定学生进行试点培养（陈霞等，2017）。

其次，建设一支科研能力强、教学水平高、政治素质硬的高素质教师队伍。大力引进和培养优秀教师，通过老教师帮助新教师、定期召开座谈会、多方面获取教学反馈等方式完善教师教学质量评价体系，以提高教学水平，更好地服务于学生。同时，教师应帮助学生确定自己感兴趣以及具有特长的领域，探索小班化、特色化教学，改革教学组织模式，因材施教，针对每个学生的特点制定个性化的培养方案。推动人才培养模式的改革，促进本科教育和研究生教育的有效衔接，实施本科导师制，有助于学生早日确定自己的研究领域和方向，锻炼自身独立思考的能力。

再次，为迎接不断深化的全球化挑战，拔尖创新型人才的培养必须坚持国际化教学的理念，通过积极引进国外优秀教育资源，实施双语或者用英文原版教材教学，培养学生参与国际交流与合作的能力，拓宽学生的国际化视野，进而实现拔尖人才的培养目标。加快建设国家级研发平台，通过依托研发平台，强化学生的科研训练，支持学生积极参与农林业科技创新活动，鼓励和引导学生参与国家级、省级各类科研创新竞赛，通过比赛提高学生的科技素质和科研能力，加强其与行业协会的紧密联系。

最后，改变单一的课程考试与考核模式。过去高校的课程考核主要是教师通过课堂测验和考试对学生进行评估，但仅仅通过几次考试或是老师的主观评价很难做到客观公正，所以应改革课程、学业评价考核方法，建立健全有利于拔尖创新型农林人才培养的质量评价体系，做到全方位、多层次、综合性地评价卓越农林人才。可以借鉴其他发达国家的先进经验，注重多学科、多思维、多视角的融合，注重人才的完整性，在重视科学教育的同时也将人文、自然和社会科学相结合，希望通过多学科的融合，让学生能够构建出广域的知识面，同时伴随着思想和意识的提高，培养出健全的人格(孙冬梅等，2015)。与此同时，对拔尖创新型人才的教育不局限于课堂上的交流，还会进行外延式学习，使学生在理解课堂上静态知识的同时可以对知识的动态性有着更深的体会，从而在实践的基础上进行创新，创造出有利于人类社会发展的产品(姜璐等，2017)。在拔尖创新人才的培养过程中，注重实践教学的作用，教学内容与实践紧密结合，在实践过程中进行学习；注重团队协作的重要性，一个拔尖创新型人才必须具备合作共赢的意识，通过相互鼓励，才能取长补短。

总之，拔尖创新型农林人才，突出的就是人才的科研与创新能力，包括创新意识、创新思维和创新技能。在培养过程中要以问题为导向，组织学生有针对性地进行探讨和学习，通过锻炼学生的思维能力和创新意识，才能培养出对农业发展具有奉献精神的拔尖创新型人才。由于农林领域自身所具有的特殊性，实践环节对于培养拔尖创新型农林人才十分重要，因此在强调科研创新能力的同时也要重视实践，通过参与第二课堂等方式，亲自参与农业科研，才更有可能创造出人类需要甚至改变人类生活的前沿型产品。对拔尖创新型农林人才的培养还需遵循以人为本的理念，根据培养对象自身的兴趣和特长，对人才的创造能力和自主学习能力进行重点培养，通过产学研合作、创新培养模式和创新实践基地等方式，从根本上进行人才培养的革新(马跃和王丰，2013)。

1.3.2 复合应用型人才

随着当今社会对人才的要求逐渐表现出多元化，社会发展不仅需要拔尖创新型人才，也需要大量复合应用型人才，针对不同培养目标制定不同培养模式是培养出合格人才的关键。

1. 复合应用型人才的内涵

复合应用型人才，就是将复合型人才和应用型人才的特征结合在一起。复合型人才强调的是具备复合的思维、复合的知识以及复合的能力，能将具有一定跨度的专业知识进行交互融合与应用，特征是具有较强的综合能力和一定的创新能力，能使自身的知识结构和能力结构得到优化；而应用型人才强调的是对相关知识、思维和能力的运用，前者更多的是知，后者更多的是行。因此，复合应用型人才就是既掌握了不同方面的知识和技能，也能够将这些知识和技能运用到实际操作上，即知行合一(徐波，2006)。复合应用型卓越农林人才，就是要对农业领域各个方面的专业知识都有所涉猎并且精通其中一个或几个方面，同时能够为农业发展提供技术、经营和管理服务的农林专业人才。

　　既然对于复合应用型人才的要求是"一专多能，学用结合"，那么学就应该是用的基础。复合应用型人才不能脱离对基础知识的学习和掌握，只有掌握了与高等教育相适应的基本理论知识，才能更好地投身于新知识、新技术和新工艺的应用，进一步到达操作的高度。复合应用型人才要掌握的理论知识往往涉及多个学科和专业，是各学科和各专业知识的相互渗透和有机融合，因此，他们对于知识的了解、理解、融合与发展需要达到较为熟练的程度（谢健，2017）。获取知识是成为复合应用型人才的第一步，也是关键的一步，只有全方位地涉猎自己所需要的知识，才能为今后对知识的融会贯通打下基础。

　　解决问题的能力是复合应用型人才应具备的重要能力。所谓解决问题，即个体在面对问题时，综合运用自己已经学过的知识和技能完成解答的过程，这里解决问题的侧重点并不仅仅局限于找寻答案，而要将现状与要达到的目标之间的差距补上。不同于研究型人才有科研创新的任务，复合应用型人才的定义就是可以运用当前已经存在的科学理论为社会创造直接价值的人才，因此要求复合应用型人才能够本着求真务实的精神，脚踏实地地参与工作，在实际问题面前不乱阵脚，充分运用自己所学，顺利解决问题，从而继续进行正常的生产与创造活动。

　　复合应用型人才还需要具备团队合作的意识与组织管理的能力。随着时代的发展和科技的进步，当今社会对人才的要求越来越高，不仅看重人才的知识素养，还看重人才是否懂得合作、是否善于沟通，是否具备团队合作意识与组织管理能力。复合应用型人才作为社会上较高等级的人才，更应该具备这种能力，因为在集体工作中不仅要使个体发挥自己的最大效用，还要使个体充分听取各方意见，周全地考虑到各方面的情况，最终获得良好的团队合作和业绩成果，做到价值最大化。

　　为了更好地应用知识和解决问题，复合应用型人才同样应该具备创新思维与创新能力。在信息爆炸的知识经济时代，知识创新是人才的必由之路，复合应用型人才应当具备复合知识的能力，可以通过跨学科、跨专业的方式实现对原来知识的创新与超越，从而创造出新知识，提出新观点和新思路。这样可以促进人才创造力的提高，推动社会的进步。在注重创新精神的同时也要注重人文精神，拥有一个健全的人格和健康的身心是成为复合应用型人才不可或缺的条件，因此对于复合应用型人才，同样需要具备良好的精神素质，不怕吃苦，扎实肯干，具有很强的社会责任感，努力做到科学素质与人文素养协调发展、共同促进。

2. 复合应用型人才的培养要求

　　不同的人才类型有着不一样的培养模式，复合应用型人才的培养以培养实际应用能力为主要目的，注重培养学生解决实际问题的能力和学习能力，这种培养以能力为中心，以适应社会需求为目标，以培养应用能力为主线（武志海等，2017）。

根据教育部 2013 年 12 月关于培养卓越农林人才的文件要求，复合应用型农林人才培养模式改革的重点包括：

优化人才培养方案，构建适应农业现代化和社会主义新农村建设需要的复合应用型农林人才培养体系。传统意义上对人才的培养注重的是对其知识掌握程度的考查，因此首先要将知识本位转变为能力本位，在传授知识的同时培养能力，提高素质，促进学生的协调发展，全面提升学生的综合素养；其次，复合应用型人才的培养需要突出实践能力和运用能力，通过改革实践教学内容，强化实践教学环节，提高学生动手能力和运用知识解决实际问题的能力；再次是对专业方向进行改革，灵活设置专业方向，注意不同专业之间的交叉融合，并且在原有专业的基础上拓展新专业，在重视基础学科和应用学科的同时发展新兴学科，以此满足新兴产业对新型人才的要求。

在注重培养复合应用型人才实践能力的同时，也要实现对其创新思维的训练。复合应用并不只是单纯地将不同专业、不同学科的知识凑在一起进行应用，而是要学会有针对性地整合不同模块知识，创造出全新的方式来完成社会上的生产经营活动。在教学方式上，要将以往灌输式的方法转变为启发式的课堂教学，以问题为导向，激发学生的学习兴趣，变被动为主动，注重培养学生主动思考的习惯和自主学习的能力，实现多元思维尤其是创新思维的训练，进而提高学生的创新能力，在学习基本理论知识的基础上，将生物、信息等相关领域的最新科技成果带进教学内容中，及时补充农林业领域出现的新理论、新现状和新问题，保证学生接触到国际前沿知识，提高人才的国际性。

促进农科教合作、产学研结合。建设农科教合作人才培养基地，探索高等农林院校与农林科研机构、企业、用人单位等联合培养人才的新途径；建立并实施以需求为导向的校外、校企合作人才培养模式，培养过程中要充分体现农林现代化的新特点和新要求，促使学生向复合应用型卓越农林人才发展。同时做好课程教材、实验平台和实践基地等配套条件的支持与改善，鼓励学生参与农林科技活动，提高学生解决实际问题的能力，加强学生创业教育，将知识与经验、实践与理论有机结合，实现对理论知识理解的加深和操作熟练程度的加强。

卓越农林人才培养同样离不开一支高素质、结构合理的教学师资队伍。教育部提倡改善教师队伍结构，设立"双师型"教师岗位，遴选与聘用"双师型"教师。"双师型"教师是指同时具备教师资格和职业资格的教师，一般来说具备两层含义：一是专业课教师不仅掌握专业理论，还要掌握专业技能；二是公共课教师不仅掌握公共课知识，还要掌握专业知识(李树峰，2014)。"双师型"教师的特征很好地代表了对复合应用型人才的培养方向，即在注重常规教学任务的同时进行技术方面的培训，将学校和社会的距离拉近，提升学生毕业后对社会工作的适应能力。应注重教师的综合素质，提高教师的学历层次，建立良好的教师教学质量反馈体系与绩效评价激励机制，定期召开教师会议，及时发现问题并进行改进。

建立健全有利于复合应用型卓越农林人才培养的质量评价体系。针对在校生和毕业生进行专项调查，结合实习单位和用人单位的反馈，建立多来源、多方面的信息利用机制，根据收集到的信息客观评价在校生学习情况和毕业生就业情况，进而有针对性地对学生培养过程中存在的问题进行整改，从而实现强化人才培养效果和提高专业人才培养质量的目标。

1.3.3　实用技能型人才

实用技能型人才主要通过执行工程设计的方案、图纸和计划，将其转化成不同形态的产品，实用技能型人才更加注重实践操作，往往处于生产、建设和服务的第一线（赵新亮和胡海燕，2016）。传统的人才培养模式只注重对学生专业传统和综合知识的培养，忽略了理论知识在实践中的应用，因此实用技能型人才备受社会关注。由于高新技术在企业生产过程中的不断推进，企业对于高技能人才的需求大幅增加，人才缺口较大。因此如何加强实用技能型人才的培养，对于促进国民经济的发展意义重大。

1. 实用技能型人才的内涵

实用技能型人才，即掌握一定农林专业基本知识，具有较强的实践技能和操作能力，同时拥有一定的创新意识、团队精神和独立工作能力，能够服务于地方经济社会发展，提升农林业经济发展速度，满足我国农业现代化发展要求的技能型专门人才。实用技能型人才高度体现了党的十九大精神中"劳动光荣、技能宝贵、工匠精神"的特点，是我国社会主义建设过程中不可缺乏的中坚力量。

首先，实用技能型人才最突出的特点在于人才具有高度实用性。要求人才培养方向与岗位需求一致，即能在农林业领域找到适合自己专业方向的岗位；其次在于实用技能型人才的专业能力要与岗位要求一致，即有能力胜任自己所在岗位。也可以说人才的社会适用性较强，学到的都能派上用场，而在工作过程中需要用到的知识和技能自己也刚好具备。这类人才能够学以致用，通过参加劳动将自己所学直接作用于生产过程中，为社会创造直接价值，充分体现了劳动光荣的价值观。

其次，该类人才对操作技能和动手能力的要求较高。不同于学术型人才对于科研能力和创新能力的要求，实用技能型人才主要是在一线工作，直接接触生产过程，因此对其设计研发产品和经营管理能力要求相对较低，对其操作能力的要求较高。通常这类人才能对当地经济发展做出实际贡献，并且具有一定的示范作用和带头作用，能够带动其他劳动力提高自身科学文化素养。实用技能型人才对学历要求并没有学术型人才那么高，实用技能型人才来源于群众，扎根于群众，服务于群众，并且能够得到群众的普遍认可。

再次，实用技能型人才应具备工匠精神。李克强总理于 2016 年 3 月 5 日在全国"两会"政府工作报告中首次提到工匠精神，凸显了国家对实用技能型人才的高度重视。古代"工匠"俗称手艺人，指熟练掌握一门技艺并赖以谋生的人，随着工业革命的发生和社会化大生产形式的出现，其内涵也延伸发展为具体操作在生产、服务一线或依靠自身技能提供服务的人(李进，2016)。爱岗敬业和精益求精是工匠精神的重要表现，也是实用技能型人才的特点。爱岗敬业要求从业者热爱自己的岗位，正确认识自己岗位的价值并且尊重自己的岗位，不擅自离开岗位，尽忠职守，力求在岗位上创造出自己的最大价值；精益求精要求从业者抵制外界干扰，摒弃内心的浮躁，以专业严谨的态度和规范的方式生产出高质量的产品，愿意为自己的职业付出心血和努力，甚至愿意为某项技艺的传承和发展贡献毕生精力。

2. 实用技能型人才的培养

根据实用技能型人才培养的特殊要求，教育部对其培养模式改革试点提出了指导意见，该意见为农林院校培养实用技能型卓越农林人才指明了方向，也有利于促进高校培养出更多服务于生产一线的技能型人才，进而有效推动当地就业与经济发展，提升人才服务农业领域相关企业的能力，满足我国农业现代化发展的人才需求。

首先，完善农林人才招生办法，鼓励条件成熟的高校开展订单定向免费教育，增强农林类高校对优质生源的吸引力。定向免费教育是定向就业招生计划的一部分，主要政策优惠是免学费、免住宿费并且得到一定数量的国家补助生活费，通过该政策的贯彻执行能够解决一部分优质生源上学难的问题，为国家培养出一批真正热爱农林业并且能为该领域带来发展动力的实用人才。

其次，根据农林业基层对实用技能人才的需求特点，改革教学内容和课程体系。农林院校对农业方面的传统培养方式大多存在重学科建设、轻视人才培养的现象，尤其是对本科生培养更为明显。因此应该改革教育教学方式，比如将单一老师培养一群学生改为团队培养，这样既可以使学生接受更多指导，还可以避免"填鸭式"教学的弊端；鼓励学生参与实用课题研究工作，是使学生学习到更多专业知识的同时，推动对实用性问题的研究和解决；扩大针对农业实用技术的学术交流，为学生提供更多的同业交流机会，不管是国内交流还是跨国际交流，不管是学科内交流还是交叉学科间交流，都对学生见识和知识的增长有着很大的帮助。在实践能力培养方面，可以让学生参与学科成果的示范、应用和推广过程，这样不仅能够促进学生对于学科成果的深入理解和应用，也可以加强学生的推广能力和交流能力，为今后将科学技术带进基层农业领域，带动群众学习和运用科学技术打下基础，这点对于实用技能型人才的培养来说尤为重要；推动实践教学平台和技能实训基地的建设进程，建立完善现代化实践技能培训体系。先进的仪器、充足的试验场所和规范的实践基地是培养实用技能型人才不可或缺的硬性条件，这些基地是学生进行实际操作的重要场所，只有通过实际操作才能锻炼学生的操作能力，从而顺利成为实用技能型人才。

再次，按照农林生产规律，探索"先顶岗实习，后回校学习"的教学方式，提高学生的技术开发能力和技术服务能力。加强校企合作，通过与实习、实训单位的合作，灵活调整实用技能型人才指导教师的聘用任期，建立一支校企结合、结构合理的师资队伍，共同承担培养实用技能型人才的任务；可以提供给学生足够的锻炼机会，通过在校学习和在企业实习的不断交替进行，使学生将各课程的知识点与对应培养的专业能力融会贯通，加深学生对自己所在行业的认识，提高学生的综合分析能力和解决实际问题的能力。此外，还应改革课程、学业评价考核方法，建立健全有利于实用技能型农林人才培养的质量评价体系。实用技能分为核心技能和拓展技能，其中核心技能是学生通过日常课程学习必须掌握的技能，而拓展技能是学生根据自己的兴趣特长选择自主选择的项目（赵新亮和胡海燕，2016）。要根据不同的人才培养目标确定不同的技能需求，实用技能型人才重点在于培训其核心技能，根据不同的技能学习项目，从核心技能提升再到拓展技能提升，设置不同的培训标准，并由专门的实用技能培训中心负责技能的考核以及证书的发放。通过多元考评，结合各课程项目的要求，充分激发学生的学习兴趣，提高实践能力，确保人才培养质量。

总之，在对实用技能型卓越农林人才的培养模式的改革进程中，应该以农林业为先导，以满足社会需求和市场需求为方向，以实践教学改革为重点，加强学生的综合能力，为社会和农林业培养一批优秀的实用技能型人才。

1.4　本 章 小 结

（1）对卓越人才培养理论的借鉴主要包括多元智能理论、三环卓越理论和创造力评测理论。霍华德·加德纳提出的多元智能理论将智力划分为了九种不同类型，即语言智能、逻辑-数理智能、视觉空间智能、音乐智能、身体运动智能、人际关系智能、内省智能、自然观察智能和存在智能；三环卓越理论由约瑟夫·兰祖利及其团队提出，该理论认为卓越人才应当具备三个要素，即高于平均水平的能力、执着精神和创造力；创造力评测理论认为创造力是衡量卓越人才的重要标准之一，可以通过测验对创造力进行定量描述。

（2）各国对卓越人才内涵的定义有所不同。新兴市场经济国家中，我国重视卓越人才的责任感、创新性、应用性和国际化；印度的卓越人才必须同时具备才能超群和德行出众两个特征。在西方发达国家中，美国研究型大学将卓越才能与创造性、天赋潜能、学术性向及成就等联系在一起；英国对人才的衡量带有功利主义和实用主义，认为卓越人才必须是能对社会做出贡献的人，一个人即使拥有高学历也不一定就是难得的人才，但在科研项目上已经有所成就的人则一定是卓越的；日本将"高度人才"分为高度学术研究活动类人才、高度专门技术活动类人才和高度经营管理类人才，不同高度人才有着不同的评分标准；以色列认为卓越人才应当同时具备与职业相关的专业素质和与社会相关的人格素质。

(3)各个国家对卓越人才的选拔和培养也具有多样性。我国将卓越人才的素质特征分解成能够量化的标准，即通过基础素质标准、专业知识标准和职业技能标准三方面衡量，根据不同人才培养模式的定位，分层次进行培养；印度对人才的选拔十分严格，但也充分考虑了社会公平和时代变革的需求，在人才培养方面，印度对高等教育的重视超过基础教育；美国研究型大学对卓越人才的选拔通过主观判断和量化测试进行，遵循"早鉴别、早培养"；英国对卓越人才的选拔是"基于卓越标准的公平选拔"，对卓越人才培养的教育支出占 GDP 比值不断上升，其培养模式也随着时代不断变革；日本对卓越人才的选拔重视成绩和综合能力的测试结果，在培养方面也在实施人才战略；以色列在教育的各个阶段都制定有人才选拔的标准，其对博士的培养方案充分体现了国际化视野、研究能力和学术民主。

(4)卓越农林人才包括三种培养类型，即拔尖创新型、复合应用型和实用技能型。所谓拔尖创新型人才，最显著的特点是具备较强的专业知识与能力，能够从事创造性活动，是对社会有价值的人才，并且具有创新意识、创新思维与创新能力，对待事物能够提出自己独到的见解，擅长多角度看待问题，通常在某一领域具有突出的能力。对其培养的改革试点包括择优选拔、培养高素质的教师人才队伍、坚持国际化教学、加快建设国家级研发平台以及建立健全有利于拔尖创新型农林人才培养的质量评价体系。

(5)复合应用型人才，指能将具有一定跨度的专业知识进行交互融合与应用，使自身的知识结构和能力结构得到优化的人才，即一专多能型人才，在某个专业领域出类拔萃，但同时在与之相关的各个方面也有能力，特征是具有较强的综合能力和一定的创新能力。对其培养的改革试点包括优化人才培养方案，构建具有时代适应性的复合应用型农林人才培养体系、实现对其创新思维的训练、改善教师队伍结构，设立"双师型"教师岗位以及促进农科教合作、产学研结合，建立健全有利于复合应用型卓越农林人才培养的质量评价体系。

(6)实用技能型人才最突出的特点在于人才具有高度实用性、操作技能和动手能力突出，同时具备工匠精神。教育部对实用技能型人才培养的改革试点内容包括：完善招生办法、改革教学内容和课程体系，培养人才的实践能力，提高学生的技术开发能力和技术服务能力，改革课程、学业评价考核方法，建立健全有利于实用技能型农林人才培养的质量评价体系。

第 2 章　卓越农林人才培养的
国际经验借鉴

高等院校是卓越人才培养的重要基地与关键环节，本章分别以美国、欧洲、日本、大洋洲等国家和地区多所农科专业领先的高等院校为分析对象，从招生制度、人才培养制度、资助制度和质量保障制度等四个方面对其研究生培养展开考察，通过本章研究，旨在为我国高等院校的卓越农林人才培养模式的创新提供经验借鉴。

2.1　美国高校卓越农林人才培养的考察

2.1.1　康奈尔大学的农林人才培养

作为美国八所常春藤联盟学校之一的康奈尔大学，其农林学科专业一直居全美前三。本节主要从招生制度、培养制度、资助制度和质量保障制度等四个方面分别考察康奈尔大学农业与生命科学学院对于农林专业研究生人才的培养。

1. 康奈尔大学的研究生招生制度

1) 招生要求

(1) 申请人必须在研究生院预科课程开始之前，接受过或正在接受获得美国认可的大学或学院的学士学位教育。若申请者为国际学生，则必须满足康奈尔大学的国际学历认证条件。

(2) 在填写申请表时，申请者只能申请农学与生命科学学院的一个主要领域，即申请者只能提交一份针对专业领域的申请，学校不受理同一申请者同时提交的关于多个不同领域的申请书。

(3) 申请材料包括：

① 本科学习期间成绩证明(要求 GPA 在 3.0 分以上)、GRE 考试成绩、对于英语非母语申请者要求相关英语语言考试的成绩证明，要求雅思成绩 7.0 分及以上，托福网络考试 100 分及以上。

②两封学术推荐信，学术推荐信必须由熟悉申请者学习状况的学院或者机构的教师提交。

③一份英文的个人陈述，自述长度控制在两页以内，在每页顶部添加申请者全名和申请的学习领域。个人陈述应该包括申请者从事研究生学习的理由，选择该专业的原因以及对这一领域的兴趣所在。

2）招录流程

康奈尔大学农学与生命科学学院主要通过网络在线招生。学生递交申请后，将通过严密的流程对其进行审核、遴选。

其研究生遴选流程图如图 2-1 所示：

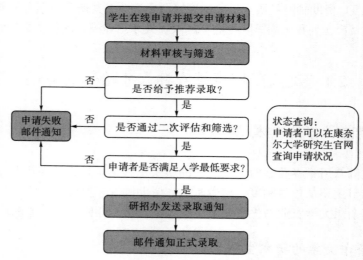

图 2-1　康奈尔大学农学与生命科学学院研究生遴选流程图

3）招生规模

康奈尔大学的研究生一般在秋季入学。根据康奈尔大学官网上公布的最新招生统计数据，2012～2017 年康奈尔大学研究生及本科生招生的总体情况如表 2-1 所示。

表 2-1　2012～2017 年康奈尔大学招生情况

年度	本科生	研究生	总录取率
2016～2017	14566	5965	12.70%
2015～2016	14315	5879	14.00%
2014～2015	14453	5757	15.00%
2013～2014	14393	5650	14.20%
2012～2013	14261	5648	15.60%

从康奈尔大学近几年的录取情况来看，康奈尔大学的本科生与研究生招生数量几乎逐年增加，其总体录取率为常春藤盟校中最高。

4) 招生制度的特点

(1) 招生流程注重标准化和问题解决的灵活化。从学生申请表的填写，到相关材料的准备说明，再到学院的遴选工作，康奈尔大学农业与生命科学学院研究生招生的各个流程都秉持着公平、公开、公正的原则，并且给出了严谨细致的说明。同时，为解决申请者在申请过程中遇到的各种问题，康奈尔大学研究生招生办公室在申请期间特别开设了提问邮箱，回答和解决招生工作中的个性化问题，确保了招生活动的标准化和灵活化。

(2) 研究生生源的多样性与优质性。由于康奈尔大学农业与生命科学学院在全美乃至世界都具有较高的专业水准和社会生源，因此该学院每年都会收到大量的来自全球各地的研究生入学申请，通过招收大量不同国家、不同种族的留学生，确保了研究生生源的多样性。面对招生生源的变化，学校和学院也及时调整招生流程、招生规模，通过学校和学院层层严格细致的筛选，确保了研究生生源的优质性。

2. 康奈尔大学的培养制度

康奈尔大学农业与生命科学学院作为誉满全球的一所传统学院，其对于农林专业人才的培养制度具有很强的自身特色。

1) 培养目标

康奈尔大学农业与生命科学学院对其研究生的培养目标，在研究生整个学习期间发挥着指引方向的作用，它引导着学生的自我发展。其培养目标包括以下三个方面。

(1) 为所学习的领域做出学术贡献。

(2) 对专业领域有更加深入的理解，对专业知识的掌握达到优秀水平。

(3) 能够与专业人士进行有效沟通。

为配合上述培养目标，康奈尔大学农业与生命科学学院分别通过专家教授对研究生学术进展进行评估、研究生对目前专业领域选择课题进行演示、研究生答辩等方式进行考察。学院每年通过年度报告的方式，由研究生选拔委员会对研究生进行评估，判断学生是否在自己所研究的领域取得及时或者显著的进展，而在此过程中所提出的任何观点和建议都将被广泛地吸收到研究生的整个培养过程与环节中。

2) 培养方案

针对研究生培养，康奈尔大学设计了一套被称为"成功途径"（pathways to success）的特别培养方案，这一方案包括以下内容：

(1) 学术导向（navigate academia）。

学术导向性的培养分别从自我培养和课程培养两个维度展开。自我培养的要求包括：第一，从事相关项目研究时，不仅目标坚定，而且能积极主动投入其中；第二，自我导向，能熟练运用专业术语主动与教师、同学和其他人进行有成效和专业的互动；第三，能够利用和通过政策和组织资源来建立自己的知识社区和专业网络；第四，通过参加课程和训练营来提升自己的专业能力素质。研究生课程培养的要求包括：第一，根据社会对农林专业人才的期望和学院的培养传统，设计有挑战性的课程、研究、写作计划；第二，创建完成培养课程的计划表和时间表；第三，引导学生动态管理人际关系和师生指导关系；第四，了解个人培养资金的来源并进行主动管理；第五，寻求研究资助基金和其他资助机会；第六，响应并参与学术活动或个人遇到的学术挑战。

(2) 技能培养（build your skills）。

康奈尔大学根据对不同技能的培养要求，特别设立不同的项目计划标准，其具体内容包括：

第一，针对交流能力的培养。要求学生能在有目的、有受众和特定背景之下进行有效的写作和交流，能识别、评估和使用可靠有效的信息来源，能运用视觉和数字工具有效沟通。第二，针对领导和管理能力的培养。理解和拓宽学生的自我意识和尊重他人的意识，发展管理技能，培养谈判和解决冲突的能力，尊重多元化。第三，针对道德与诚信培养。要求学生了解并遵守职业道德行为准则，认识到道德决策在技能提升中的作用，熟悉在学术环境中开展专业研究的相关规范、原则和标准。第四，针对平衡与韧性的培养。培养学生的生活技能、识别和克服漏洞，制定获得自信的策略，重视个人在社区的角色。第五，针对教学与指导培养。明确培养目标和期望，评估学生需求和培养进展，促进包容性学习环境的形成，通过不断反思来识别、开发和分享最佳实践指导经验。第六，针对社交环境及网络的建设。培养学生的归属感，建立包容性的学术氛围和网络空间，鼓励在多个社交环境中表现塑造自己的角色，通过社区服务，拓展对知识、机会和资源的认识。

(3) 计划创建（create your plan）。

康奈尔大学研究生院非常强调研究计划的重要性，它要求了解自己的长处与优点，确定未来发展领域，制订目标和时间表，贯彻实施计划，反思个人成就和成长，定期评估计划，依据个人兴趣、技能和目标的变化进行计划调整。康奈尔大学研究生院通过以下两步来帮助研究生创建计划：第一，自我评估。鼓励所有研究生与本校的研究生顾问会面，进行自我评估，了解自己的个性、兴趣、价值观和发展目标。通过反思自己、反思问题，以确定研究生生涯的发展目标、兴趣和技能，博士后可与博士后研究办公室主任讨论他们的兴趣、价值观和发展目标。第二，制订个人发展计划（individual development plan，IDP）。康奈尔大学有专门的个人发展计划评定系统，它可以帮助研究生在学习期间为自己制订目标和计划。研究生除了可以自己创建个人发展计划外，对于康奈尔大学的多数研究生和博士后而言，与导师合作开发个人发展计划是确保个人未来发展计划的最有效的方法。

(4) 未来发展准备（prepare for your career）。

康奈尔大学的未来发展准备包括三个阶段：

第一阶段：了解自己。康奈尔大学为了使研究生更加了解自己，特别为他们配备未来生涯发展顾问，通过与其谈话交流可以更加深入透彻地了解自我，为研究生未来发展做铺垫。第二阶段：探索选择。为了使研究生对未来发展进行探索选择，康奈尔大学提供了学术工作探索系列、非学术职位探索系列、校园活动日历列出的一系列非学术性/学术性的研讨会和活动，使研究生通过这些探索获得更多的选择资源及机会。第三阶段：采取行动。康奈尔大学的研究生或博士后可以从校友提供的专业知识中受益。研究生可以利用康奈尔大学提供的多种途径和社交网络，通过加入 LinkedIn 上的研究生院网络、康奈尔大学的多元化校友计划，来获取锻炼机会。

3) 专业设置

康奈尔大学农业与生命科学学院在 30 多个研究领域提供研究型硕士学位，其中涉及农林人才培养方面的相关专业，如表 2-2 所示。

表 2-2 康奈尔大学农业与生命科学学院相关专业设置

动物科学	生物与环境工程	保护和可持续发展	发展社会学	生态学和进化生物学
环境质量	环境毒理学	自然资源	植物生物学	国际农业与农村发展
植物育种	植物保护	食品科学与技术	园艺	土壤和作物科学

4) 培养制度的特点

康奈尔大学农业与生命科学学院的卓越人才理念体现在研究生培养的各个环节中，其研究生培养制度具有以下特点：

第一，在培养目标上，康奈尔大学农业与生命科学院十分注重研究生的自我发展和专业素养的培养，在研究生熟练掌握专业知识的前提下，开展综合性研究，从而解决相关专业重大问题。第二，在培养方案上，康奈尔大学发掘了自己的一套"成功的途径"的培养方案，在培养研究生学术研究能力的同时，也根据卓越人才的定义对研究生其他必备能力同步进行培养提升。第三，在专业设置方面，针对农林人才培养，学院开设了大量相关专业，研究生具有相当大的自主选择权利，可以根据自己的研究兴趣自由选择不同专业领域的课程。

3. 康奈尔大学的资助制度

康奈尔大学之所以能够吸引世界各地的优秀学生，其中一个非常重要的原因就是它有着非常优厚和完善的资助制度。

康奈尔大学拥有多层次、多渠道的研究生资助体系，这些资助体系可以为研究生顺利完成学业提供必要的财力保障。研究生院为研究生提供综合性的资助体系包括来自康奈尔大学内外的奖学金、助学金、实习、教学助理、研究助理和其他机会等。

（1）奖学金。鼓励学生自主申请，研究生奖学金分为康奈尔奖学金、圣人奖学金及总统生命科学奖学金等。总的来说，研究生奖学金种类比较多，研究生申请的机会也比较多。奖学金通常是以金钱奖励为基础的内部或外部奖励，以支持全日制学习的学生的生活。研究生可通过研究生奖学金数据库申请，研究生院拥有超过 1000 种可搜索奖学金的数据库；或者通过奖学金研讨会，大部分研究生同样可获得研究生奖学金。

（2）助学金。用于保障研究生的最基本生活需求，支付最基本的支出，比如生活费用、学费以及其他费用。

（3）助教。专职博士、研究型硕士可申请助教岗位，分为四大类：教学助理（TA），研究助理（RA），研究生助理（GA）和研究生研究助理（GRA）。这些岗位由不同领域和部门管理，为从事教学或负有研究使命的研究生提供财政支持。

（4）贷款。研究生院目前提供两个国家资助的贷款项目——威廉·D. 福特直接贷款和联邦研究生贷款，美国公民和永久居民都有机会获得贷款。经济援助办公室和学生就业处负责管理研究生贷款。

康奈尔大学农业与生命科学院研究生院资助制度主要有以下两个特点：

第一，覆盖面广且资助金额大。康奈尔大学研究生院的资助体系较为完善，不同类型的研究生可以选择不同类型的资助方案，为研究生正常生活及学习提供了保障。

第二，强调学生的自主性。康奈尔大学研究生院的奖学金大部分都是依靠自主申请而不是学院分配，强调学生的探索性和主动性。另外，这些资助还可以锻炼学生的自我规划能力和科学研究能力。

4. 康奈尔大学的质量保障制度

康奈尔大学的研究生质量保障主要由外部质量保障和内部质量保障组成，两者相辅相成。

1) 外部质量保障

美国学生教育的外部质量保障体系是由美国联邦政府、各州政府以及各中介质量保障机构三者共同监督完成的。其中，中介质量保障机构起着关键作用，包括专业协会、学术团体、新闻媒体等各种机构，通过调查、评价、设置排名等方式从高校外部对高校学生质量提供一定的保障。通过三方的共同监督，有效地从外部促进并保障了康奈尔大学的研究生教育质量。

2) 内部质量保障

康奈尔大学研究生院的内部质量保障包括：第一，从研究生录取开始，其严格的招生条件，除了对学生学术水平要求高以外，还会对学生其他方面的素质进行考察，个人素质也在考察范围之内，因此康奈尔大学研究生选拔淘汰率极高。第二，从研究生学习来看，康奈尔大学研究生院对研究生课程学习、学年考核要求也极高，在每年按照严格的评价体系进行考核评分的同时，每门课还设有严格的评价指标。研究生如果想要顺利毕业，并获得学位，那么同样也要经过严格的考核程序。第三，从研究生输出来看，康奈尔大学将研究生学位论文看得至关重要。研究生学位论文环节主要包括开题、撰写和答辩三个步骤。在整个过程中，康奈尔大学研究生学术委员会会进行严格监督，保障研究生的内部质量。

康奈尔大学农业与生命科学学院研究生教育在质量保障方面的特点主要体现在以下两个方面：

第一，强调中介机构在外部质量保障中的作用。通过中介机构进行的一系列鉴定和排名，实现外部质量的控制，同时由于美国联邦政府和州政府在外部质量保障中只是间接发挥作用，所以，中介质量保障机构对于康奈尔大学研究生教育质量的监督至关重要。第二，强调研究生从输入到输出环环相扣的质量保障。从研究生的输入到输出，康奈尔大学研究生院有非常完备的质量管理操作，每一个环节都进行高质量的管理监控，环环相扣，从而对研究生的质量进行了严格的监控。

2.1.2　艾奥瓦州立大学的农林人才培养

艾奥瓦州立大学成立于 1858 年，是美国艾奥瓦州著名的公立大学，也是众所周知的美国大学协会(Association of American Universities)六十位成员之一。艾奥瓦州立大学 2014 年在美国大学中生物与农业工程研究生专业排名第六，其农林人才培养模式具有很强的借鉴意义。

1. 艾奥瓦州立大学的招生制度

1）招生要求

（1）基本要求：在艾奥瓦州立大学开始研究生学习之前，需要获得区域认可的大学的学士及以上学位，所以，获得地区认证机构认可的学士学位是艾奥瓦州立大学研究生招生的基本要求。

（2）成绩要求：

①本科 GPA：需要提供申请人的累计 GPA 本科分数。艾奥瓦州立大学使用的是满分 4 分制，申请者的 GPA 需要在 3.0 分以上。

②GRE 考试成绩：大多数专业没有设置 GRE 最低分，官方 GRE 考试成绩需要由教育考试服务机构以电子信息发送。

③雅思、托福考试成绩（仅针对非英语母语学生）：纸质托福考试分数最低要求为 550 分；网络托福考试分数最低要求为 79 分；雅思最低要求为 6.5 分。官方托福考试成绩必须直接从网上以电子方式向艾奥瓦州立教育考试服务机构发送。雅思考试机构应将雅思成绩单邮寄到艾奥瓦州招生办公室。

（3）目的陈述：申请者需对自己所申请领域的研究期间的学习目的做出相应的阐述，目的陈述不能超过 500 字。

（4）推荐信要求：需要 2 封推荐信，大学仅接受线上推荐信，推荐人将收到艾奥瓦州立大学的电子邮件及其在线推荐信表格的相关链接。

2）招生流程

艾奥瓦州立大学的农业与生命科学学院对研究生的遴选流程如图 2-2 所示。

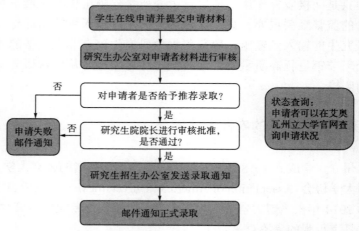

图 2-2　艾奥瓦州立大学农业与生命科学学院研究生遴选流程

3) 招生规模

表 2-3 为 2017 年艾奥瓦州立大学的录取信息及在校学生信息。

表 2-3　2017 年艾奥瓦州立大学在校学生统计

本科生数量	研究生数量	师生比例	国际学生比例
30034	5096	1：19	11%

从艾奥瓦州立大学 2017 年录取信息来看，其注重于对国际学生的招收，招收生源多样性较高。

4) 招生制度的特点

艾奥瓦州立大学的研究生招生制度有以下两个特点：

第一，紧扣目标、严格考察。从申请者开始申请艾奥瓦州立大学之初，学校便对申请者实行考察，无论是在成绩方面的要求还是目的陈述、推荐信方面，每个环节都发挥了各自的考核作用，通过层层考核，最终筛选出具有入学资格的优秀研究生。

第二，招生过程的灵活性与公开性。艾奥瓦州立大学在申请者开始对研究生进行申请时便提供官方咨询邮箱以便咨询，同时申请者在申请过程中随时可以打开研究生申请网站查询自己的录取进度，保证了研究生申请过程的透明化。

2. 艾奥瓦州立大学的培养制度

艾奥瓦州立大学农业与生命科学学院的农学方面优势突出，在科学研究和科技成果转化方面在全美大学当中一直处于领头地位，其人才培养制度具有很高的借鉴价值。

1) 培养目标

"以学习者为中心"是艾奥瓦州立大学一直都在坚持的教育方针。为全世界农业领域培养杰出的农业企业家，也是艾奥瓦州立大学的人才培养目标的定位，学校对研究生的培养目标在研究生整个学习期间起着指引方向的作用，引导着学生的自我发展。

(1) 以教育未来的领导者为目标，开展任务导向性的基础和应用研究，分享新知识。

(2) 发挥农业与生命科学学院对世界"科学与实践"的引领作用，塑造未来，改善生活和生计。

(3) 为农业和生命科学领域提供优秀的研究生,令他们在职场有所作为,在世界有所作为。

2) 培养方案

(1) 国际化战略的培养方案。艾奥瓦州立大学的国际化培养战略体现在"为学生创造更多的国际实习及留学机会、加强教职工的国际化、扩大国际教师和教职工发展项目的规模、扩大国际或全球学术研究的范围"。艾奥瓦州立大学不断坚定学生对所学专业的重要价值、个人服务当地农业的必要性以及未来发展前途的信念,加强学生的社会意识、全球意识、协作能力和交际能力的养成,从而使学生能够站在更高的高度,以前瞻性的目光审视各州地区及国家现代农业发展所面临的一系列问题,鼓励学生将自身不断积累的理论经验、国际经验,以及解决实际问题的能力投身于农业发展的整体行动中。就艾奥瓦州立大学的农业与生命科学学院而言,2000 年,该院仅有 0.5%的学生具有相关的国际经验,但是,2012 年这一比例上升为 28%,预计未来这个指数还将继续上升。

(2) 多专业联合发展的培养方案。艾奥瓦州立大学成立学科俱乐部,开展跨学科教学。为了培养复合型农林人才,学校成立了专业学习俱乐部(例如林业科学俱乐部、农业科学俱乐部等等),并且开展跨学科学习项目和社会公益项目,鼓励不同专业学生的广泛参与,从而培养研究生的合作意识和全局意识。在多专业联合发展的培养过程中,激发不同专业同学对农林生态的兴趣,使其认识到保护生态环境的重要性,提升服务现代农业发展的能力,确保研究生更加明确地理解他们选择的学科基础和跨学科工作的重要性。

(3) 科学与实践结合的培养方案。学校通过开展"农业创业计划"项目,以"为美国培育最具成长性的农业企业家"作为学校整体愿景,通过为研究生提供各种创业训练以及各类社会活动体验,培养学生和教师的创业能力与企业家精神,实现学校产学研合作与农业实际和产业需求互相对接的目的,与此同时,通过与各企业研究开发的核心人员建立以技术互助协作、利益共享的合作关系,最终实现服务企业、服务社会的目的。强化对于学生适应现代农业需求的专业技能以及理论知识的教学,从而培养具有全球意识的、视野面向全球的农林人才。

3) 专业设置

作为具有农业高校农业教育、科学研究和农业推广三大职能的艾奥瓦州立大学,针对学校农林人才的培养,学校开设了如表 2-4 所示的相关专业。

表 2-4　艾奥瓦州立大学设置的农林相关专业

农业和生命科学	农业生物化学	林业	动物生态学	种子科学	环境研究
农业系统技术	全球资源系统	环境科学	农业探索	动物科学	国际农业

4) 培养制度的特点

艾奥瓦州立大学农业与生命科学学院的卓越人才培养理念体现在研究生培养的各个环节中，其研究生培养制度具有以下特点：

第一，在培养目标上，主要着重于培养具有全球意识、面向全球的农林人才；第二，在培养制度上，针对农林研究生，艾奥瓦州立大学鼓励研究生走国际化、多元化发展道路，将科学与实践进行结合，在提高专业知识的同时，对自身的其他能力同时进行提升；第三，在专业设置上，艾奥瓦州立大学农业与生命科学学院开设的很多农林专业的相关课程，为学生提供多样化的课程选择。

3. 艾奥瓦州立大学的资助制度

1) 资助规模

艾奥瓦州立大学农业与生命科学学院每年为其学院的学生颁发超过 300 万美元的奖学金。得益于企业、组织和个人家庭的慷慨捐赠，学院提供各种各样的奖励，以满足学生不同的需求。在学院提供研究生奖学金的同时，学校同时也提供不同类型的资助方式，可供学生根据自身的情况进行选择申请，从而形成了综合的资助体系。

2) 资助类型

艾奥瓦州立大学为研究生提供了如下不同类型的资助模式，可供研究生申请：

(1) 奖学金。奖学金被认为是礼物援助（无须还款），通常根据捐献者确定的标准来奖励。奖学金包含校内资助型（表 2-5）和校外资助型（表 2-6）。

表 2-5　艾奥瓦州立大学研究生校内奖学金资助类型

校内资助型	申请条件
Caine-Bogle 家庭研究生奖学金	用于提升学术和领导素质以及需要经济帮助的学生
Paul 和 Candace Flakoll 奖学金	申请者应具有 GPA 最低达到 3.0 分的学术表现
Lumir 和 Sara Dostal 家庭研究金	首选是园艺专业，第二选择是农学专业
艾奥瓦州农业局研究生奖学金	用于提升学术和领导素质以及需要经济帮助的学生
院长 Kleckner 全球农业研究生奖学金	为从事与国际农业贸易、研究、开发等相关职业领域的学生

表2-6　艾奥瓦州立大学研究生校外奖学金资助类型

校外资助型	申请条件
Charles H.和 Inez M.Callahan 纪念研究生奖	研究生
Nelda 基督教研究生猪肉奖学金	主修畜牧业、农业经济学、食品科学、微生物学、农业工程等相关学科的美国公民
Colvin/安格斯认证牛肉奖学金	研究生
NCGA 学术卓越农业奖学金	必须是国家玉米种植者协会会员或家属
约翰和玛丽奖学金	针对已经开始或打算自主创业或正在参与创业计划的研究生

(2)资助。赠款被视为赠予援助(无须还款),它颁发给财务状况最窘迫的学生,此类资助主要用于保障研究生的最基本经济需求。

(3)雇用。工作学习是一项联邦学生援助计划,在研究生入学时提供兼职工作,以帮助支付教育费用。

(4)贷款。学校贷款类型一共有五种以上,研究生可根据需求进行选择。贷款被认为是借款援助,必须还款,通常是按利息来计算总和。

3) 资助制度的特点

艾奥瓦州立大学研究生院资助制度的特点主要有以下两点:

第一,学校提供的资助金额较大,覆盖面广。不同的研究生可以选择不同的资助方式,为研究生在学习期间的生活提供经济保障。第二,学校资助来源具有多样性。学校奖学金的来源不仅仅来源于政府教育机构,还来源于各种不同类型的社会机构,来自社会各部门的资助源强化了学校学生与社会的关系。

4. 艾奥瓦州立大学的质量保障制度

1) 外部质量保障

政府评价是艾奥瓦州立大学研究生质量评价的支撑力量。一方面,通过艾奥瓦州政府对学校高等教育和有关学位计划进行审批,广泛收集数据信息,监控研究生项目的质量,从而直接评价研究生的教育质量;另一方面,联邦政府通过经费资助的方式间接介入研究生教育质量评价,即只有鉴定和评价合格的院校才有资格获得联邦政府的资助,并且,在联邦政府对学校的一系列考察中,还可以对学校的研究生教育提出建设性建议和相关报告。艾奥瓦州政府和联邦政府的双重评价同时从外部保障了艾奥瓦州立大学研究生的培养质量。

社会评价是艾奥瓦州立大学学生质量评价的主导力量。社会评价主要由以下几个部分构成:第一,非官方的全国性或地区性鉴定机构或组织进行的鉴定或资格认可,以此来保证研究生教育最低质量标准。第二,学术团体、专业协会等组织的研究生教育质量评价,同行评价相应学科的质量。第三,新闻媒体等进行的研究生教育质量评价和排行，通过此种途径满足社会公众需求。第四，私人团体进行的研究生教育质量评价以及排名。

2) 内部质量保障

艾奥瓦州立大学的内部质量保障体系主要是学校对于自身的评价。为了保障学校研究生质量，学校内部会定期开展多种研究生质量评估活动，在开展鉴定评价以及艾奥瓦州政府研究生计划项目评价之前，学校通常会向政府提交一份自我评价报告，这种自我评价不仅是社会外界对于艾奥瓦州立大学的要求，同时也是大学本身向外界保障自身办学质量、维护学术自由、促进质量持续提高和自我改进的重要方式。通过对大学研究生质量的定期检查，进而达到保障艾奥瓦州立大学研究生质量的目的。

3) 质量保障制度的特点

艾奥瓦州立大学农业与生命科学学院研究生教育在质量保障方面的特点主要体现在以下两个方面：第一，强调大学内外协同努力。通过社会力量、政府力量、大学本身力量这三方的共同配合与相互协调，从而多元地从外部和内部保障并且提高研究生的质量。第二，特别注重外部社会力量的参与。大量独立的社会教育评价中介机构、学术团体、新闻媒体以及私人媒体等社会评价机构的建立，充分发挥了社会力量在艾奥瓦州立大学研究生质量保障中的重要作用。

2.1.3　加州大学戴维斯分校的农林人才培养

加州大学戴维斯分校(UCD)是设在加州戴维斯的一所世界顶尖的研究型大学，它隶属于著名的加州大学系统，是"公立常青藤"盟校，也是 Tier-1(最高级别)全美最顶尖大学之一。UCD 在很多学科领域上都享有广泛声誉，是世界环境科学、农业和经济可持续发展的教育和一流研究中心。UCD 动植物、农业专业常年位列全美第一，同时由于 UCD 也是世界生物农业与环境科学研究和教育中心，其植物科学、环境工程、动物科学及农业与资源经济学和管理科学等专业都在全美大学排名前十。因此，研究加州大学戴维斯分校对于其卓越农林人才的培养方式具有一定的现实意义，下面主要从四个方面考察其对农林人才的培养。

1. 加州大学戴维斯分校的招生制度

1) 招生要求

UCD 为能够在研究生学习期间发挥潜力最大的申请人提供就读机会，招收在加州大学研究生教育的帮助下，最有可能通过教学、研究或专业实践为学术或专业领域做出重大贡献的申请者。以下为申请 UCD 的最基本要求：

(1) 必须已经获得学士学位，并且在校 GPA 最低需达到 3.0 分（4.0 分为满分）。

(2) 提供 GRE 考试成绩。申请者必须将机考的 GRE 成绩发送给 UCD。

(3) 提供申请者参加的每个大学阶段的学院的学习成绩记录，扫描上传成绩单。

(4) 三封推荐信。信件可以来自教授、雇主或其他熟悉申请人学历的人员。所有推荐信都必须通过 UCD 申请系统以电子方式提交。

(5) 针对母语不是英语的申请者，要求申请者提供雅思或托福成绩，成绩必须达到优秀。

(6) UCD 要求所有申请人同时提交一篇就学目的声明和个人简介。每篇不能超过 4000 个字符（包括空格）。就学目的声明要求申请者突出其学术准备和动机、兴趣、专业和职业目标以及对于研究生学习的激情。个人简介主要描述申请者的个人背景、为何决定攻读研究生学位，申请者未来的研修计划和校园生活计划，打算如何为科学研究、社区发展和文化多样性做出贡献。

2) 招生方式

UCD 的研究生学位课程，需要申请者在线申请。图 2-3 是 UCD 的研究生遴选流程图。

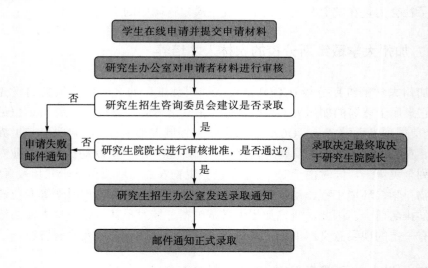

图 2-3　加州大学戴维斯分校研究生遴选流程

3) 招生规模

根据 UCD 官网上最新数据整理，2010～2016 年 UCD 研究生录取率如表 2-7 所示。

表 2-7　2010~2016 年 UCD 研究生录取率

类别	2010	2011	2012	2013	2014	2015	2016
申请人数	8935	9706	9823	9953	11084	11317	11309
录取人数	2360	2248	2277	2481	2569	2525	2720
录取率	26%	23%	23%	25%	23%	22%	24%

从表 2-7 所示的录取情况来看，UCD 每年的研究生录取率有一定程度的波动，2016 年相比 2010 年的录取率有所下降，但下降的幅度并不大，总的招生录取率维持在 23%左右。

4）招生制度的特点

一是招生要求的严格化。针对 UCD 的申请者，学校不仅要求申请者提供就学目的陈述，同时和大部分美国高校不同的是，针对 UCD 对于研究生的培养要求，学校还要求申请者提供个人历史和多样性声明，以便学校研究生院更准确地筛选出适合学校培养的人才。二是招生规模不断扩大。2010~2016 年，UCD 对于研究生的录取规模在不断扩大，拥有来自海外 118 个国家的学生，在扩大学校声望的同时，使得 UCD 能够更广泛地对全球各地的研究型人才进行选拔，从而保障了 UCD 研究生生源的多样性和优质性。

2. 加州大学戴维斯分校的培养制度

1）培养目标

UCD 的校风积极明快，其办学的理念是追求真理，同时其强大的师资阵容及学生素质显示出其雄厚的教育实力。其研究生培养的使命宣言为：通过对研究生的培养使研究生和博士后学者能够有最优的学习经历；其愿景宣言为：构建一个全球公认的、协作的、跨学科的培养研究型人才的环境；其培养目标为：培养能成为相关领域的领导者、研究人员、政治家、教师以及企业家，通过他们的持续领导从而定义和影响全球社会的变化。

为实现这些培养目标，UCD 努力为学生提供卓越的学术环境，创建一个充满活力和包容的校园，重视开放的沟通和互动，增加可持续的资助来源，促进个人的整体发展。研究生课程包括 99 个研究生的专业学位课程，UCD 以其先进的研究设施、生产实验室和进取精神而闻名。通过研究生组织和指定的重点选项提供协作性和跨学科课程，将不同学科的学生和教师聚集在一起，以应对现实世界的挑战。

2) 培养方案

(1) 多样性和包容性培养方案。在 2020 年倡议中，UCD 提出在 2015～2020 年，新增 5000 名本科生(加州，国内和国际学生)招生计划，并且学校还可以让合格学生更容易从社区大学转到 UCD，以保证该计划的顺利完成，通过减少对国家资金的依赖来增加财务稳定性。为教师教学、学生培养提供更多的国际教育经验，通过创造更多元化的教育环境，使得学校培养更多未来的全球领导者。通过与教师、员工、学生和校友的对话和交流，多元化和包容性计划委员会正在制定更明确的目标和策略，以推动大学朝着包容性卓越目标迈进。

(2) 提高毕业率培养方案。UCD 通过改进学术计划，将四年和六年毕业率分别提高到 75% 和 96%。另外，UCD 正在实施学习改革。学生们有新的教室和实验室可供学习，新技术正在改进教师的教学方式以及学生的学习方式。同时通过不断对学术建议的改进，帮助学生确定最适合其职业和人生目标的专业，以帮助学生实现各自的人生目标。

3) 专业设置

作为世界环境科学、农业和可持续发展的研究和教育中心的 UCD，针对学校农林人才的培养，学校开设了以下相关专业(表 2-8)。

表 2-8　UCD 设置的农林相关专业

农业和环境教育	动物生物学	动物科学与管理	野生动物、鱼类和保护生物学
昆虫学	环境工程	地质	进化、生态和生物多样性
植物科学	植物生物学	可持续环境设计	生态管理与修复

4) 培养制度的特点

UCD 对农林卓越人才的培养理念体现在研究生培养的各个环节中，其研究生培养制度具有以下特点：在培养目标上，UCD 在促进学校全面发展的同时，对于学生的发展方案也不断进行优化改进。注重多样化教学，着力培养全球型农林人才。在培养方案上，学校主要通过解决学生毕业后面临的实际问题。着手提高学生毕业就业率，同时关注培养学生的多样性，以此吸引并培养更多的农林人才。在专业设置上，UCD 不仅围绕农林发展的全球性问题开设相关专业，同时针对农林学科内部细小分枝也开设了相关专业，专业的综合性及多样性较强。

3. 加州大学戴维斯分校的资助制度

1) 资助规模

每年 UCD 有 56% 的学生拥有覆盖所有学费的捐助卡、44% 的学生无债务毕业、75% 的学生拥有补助金、奖学金或者学习工作奖。其资助覆盖范围广，且拥有可供不同背景学生选择的各种资助类型，形成了一个健全的资助体系。

2) 资助类型

UCD 为研究生提供了如下不同类型的资助模式，可供申请：

(1) 内部奖学金。UCD 利用各种内部奖学金资助学术研究生。内部奖学金可以提供津贴(或"生活津贴")、学费和其他费用、非居民补充学费、研究、旅行或这些任何组合的资助。奖学金的金额为每年 1000 美元到 50000 美元。并且有接近 40 种内部奖学金类型可供学生选择。

(2) 外部奖学金。由私人基金会，政府机构和公司提供，奖学金申请较为自由，外部奖学金的资助一般与研究生在研究、写作和奖学金的卓越表现相关。学校有 163 种外部奖学金可供学生选择。

(3) 学术工作。UCD 为研究生提供多种类型的就业机会，提供财务支持、专业经验和职业发展机会。学生可以获得工资，并且根据学术任务的不同，可能会将其全部或部分学费和非居民补充学费(NRST)作为就业福利返还给他们。

(4) 非居民补充学费(NRST)奖学金。此类奖学金主要针对非居民学生，其中有两个计划，一个是 NRST 豁免计划，另一个是 NRST 奖学金计划，旨在抵消非居民外籍学术研究生的 NRST 费用。

3) 资助制度的特点

"UCD"研究生资助制度的特点主要有以下两点：第一，针对学校多样性及包容性计划，设立多种奖学金类别。层层囊括，供不同背景的学生进行选择，为学生在校学习研究提供了生活保障。第二，奖学金制度变化较为自由。根据学生的研究任务及研究情况，学校不定期对奖学金制度进行优化及改进，保障了学校资助体系的良好运行。

4. 加州大学戴维斯分校的质量保障制度

第一，合理的学科布局保障人才不会流失。UCD 有四个学院和九个院系，以学院为依托，一些独立的研究中心、研究所和研究计划应运而生。学校的所有学科可以分为四个梯队。第一梯队便是传统的优势学科(农业及环境相关学科)，是该校的标志。第二梯队是基础学科(生命、化学、物理、数学)，这些学科为优势学科奠定原始创新的基础。第三梯队是工程应用及新兴学科，为基础学科提供实验技术手段，为优势学科的实践提供最终的解决方案，同时为学校的永续发展培养新生力量。第四梯队为人文与艺术学科，为整个大学提供人文精神，滋养师生的人文情怀，培养师生的艺术气质。

第二，学科之间的协调发展进一步保障了人才培养的质量。UCD 虽然将学科分为四个梯队，但是它们相互之间协调发展，从而构建了一个和谐发展的生态系统。这四类学科，并不会存在相互倾轧，而是相辅相成，相互支持，形成了一个平衡系统，因此学生可以在自己的领域发挥才能，找到自己的优势所在，并发挥所长。

第三，将大学使命和地方经济相关联保障了人才培养的目标。由于 UCD 是州立大学，因此为加利福尼亚州的经济发展做出了巨大贡献。在帮助加州进行作物育种、土壤改良、地质调查等多方面做出了巨大的贡献，不断把学生的使命和地方经济发展相关联，使得 UCD 为加州培养了大量优秀人才。

第四，加州教育部的支持保障了人才培养的稳定性。为保证教育制度的公平性，加州教育部出台的一系列补贴政策、提供学生贷款等都为学校人才的培养奠下了深厚的基石。

2.2　欧洲高校卓越农林人才培养的考察

2.2.1　巴黎高科农业学院的人才培养

巴黎高科农业学院(AgroParisTech)建立于 1824 年，是巴黎高科集团的一员。其林业、水和环境学院(ENGREF)历史最为悠久，巴黎高科农业学院小而精干，在水、林业、环境管理等方面颇具优势。2014 年，巴黎高科农业学院在 QS 农林领域专业的世界排名为 34 位。

1. 巴黎高科农业学院的招生制度

1)招生条件

硕士学位是在获得学士或科学学士学位(180 ECTS)之后申请的，通过四个学期的学习，并且在验证 120 个"欧洲学分"后获得文凭，如需申请巴黎高科农业学院硕士学位，申请者需准备以下资料：

(1)大学前三年成绩单，GPA 排名及其翻译件。

(2)TEF、TOEFL、TSE 或 GRE 成绩单(英、法语水平证书)。

（3）一封阐述本人赴法留学动机和专业发展（statement of motivation and professional project）的英文信件（法语亦可）。

（4）相关专业学院教授和院长的英文推荐信各一封（原件）。

（5）本人专业获奖证书复印件及英文翻译件（至多三份）。

2）招生流程

巴黎高科农业学院的研究生申请流程如图 2-4：

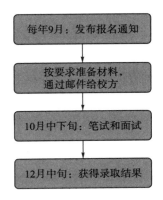

图 2-4　巴黎高科农业学院的研究生申请流程

与大部分高校分学期录取学生不同的是，巴黎高科农业学院将研究生申请时间固定在每年 9 月左右，时间固定，便于招生。另外，学校并没有明确要求考生的 GPA 详细分数，在录取过程中给予考生充分的展现机会。

2. 巴黎高科农业学院的培养制度

作为在水、林业、环境管理等方面具有领先优势的学校，其对于农林人才的培养制度具有很强的探究价值。

1）培养目标

巴黎高科农业学校对于卓越农林人才的培养目标彰显了学校对于未来社会人才的期望目标，以及对于未来农林业发展的预期。作为法国农林业领头的学校，巴黎高科农业学院对于其研究生的培养目标如下：

一是着力突出人才培养在高等教育中的核心地位。通过不断摒弃教学、科研中与实践相脱节的教学弊端，将启发、创新、应用型教育模式纳入教育体制的全过程，将人才培养目标定位在努力培养一批富有独立思考和创新实践能力的跨领域精英人才上。

二是继续深化研究生教育改革，创新高层次人才培养机制，并逐步扩大研究生层次人才在高等教育人才培养中的比例。在创建世界一流大学过程的同时，完成在人才培养上的层级化，打造从本科至博士乃至博士后研究的完整且连贯的科学化人才培养体系，进而提高人才的可持续发展能力。

2）培养方案特点

（1）教学计划注重应用性，实施开放式教育。教学计划由课程和实习两部分组成，课程又分课堂教学、个人作业课等，作业课以对知识的应用为主，其教学及课程设置根据企业培养方案来个性化制定，并根据企业的需求做适时的调整。

（2）"发现式教学"贯穿教学的全过程，学校鼓励学生的创造性思维并且加强学生参与度。所谓"发现式教学"是指学生在教师的启发下，通过对一些问题以及案例的独立研究，自行发现并掌握其中相应原理和结论的教学方式。学院以小班上课从而方便教师与学生、学生与学生之间的交流。"发现式教学"最常见的形式是各个专业组成众多的学习小组，学生一般 4～5 人为一组，课程中通过模拟仿真环境和辩论等，不断拓宽学生的思维，加强学生的参与度。

（3）学科间互相渗透，学生的选择面扩大。学生修完每一个阶段学分后都会得到相应的文凭，学生既可以选择就业，也能选择继续深造，从而寻求更广阔的发展空间。并且，学校还支持学生在学习过程中调换专业、在本校或在其他学校同时进行两个专业的学习，从而获得两个以上的学位，或在综合大学与专业大学之间相互插班，以满足对理论与实际技能两方面的知识需求。

（4）学校高度注重国际化人才的培养，鼓励学生对外交换，并积极接纳外国留学生，从而促进不同文化资源的碰撞，并且满足经济全球化对全面型人才的需求。

3）专业设置

作为法国规模较大、在农业方面最好的学校，巴黎高科农业学院针对卓越农林人才培养开设了以下专业（表 2-9）。

表 2-9　巴黎高科农业学院设置的农林相关专业

农业科学和环境科学	生物生态学和进化学	生物学和生理学	环境和能源经济学	区域管理和地方发展	空间信息学
废物管理与处理	食品和环境科学技术	森林环境学	气候和生态系统保护学	综合性动物生物学	合成生物学

巴黎高科农业学院对农林卓越人才的培养理念体现在研究生培养的各个环节中，其研究生培养制度具有以下特点：一是注重全方面培养人才。巴黎高科农业学院对于人才的培养并不局限于人才所在专业，而是努力培养全方面人才、跨领域人才。二是关注学生实践经验。学院不把学生限制在本学院内，鼓励学

生走出学校，将理论与实践相结合，运用到实际生活中，同时鼓励学生关注全球性事件。

3. 巴黎高科农业学院的质量保障制度

巴黎高科农业学院对于农林方面卓越人才培养的质量保障也分为内部质量保障和外部质量保障。内部质量保障是指巴黎高科农业学院为了寻求自身质量的发展机会，会对教师教学、人事晋升等管理活动(涵盖高等教育机构所有领域开展的活动)进行一定程度的监督、管理以及评价。其中，巴黎高科农业学院开展的自我质量评估便是其中一种重要的内部保障措施，其主要关注学术问题，收集有关实现其使命、活动的效率以及保证本机构质量的相关数据和信息。

为了向公众证实巴黎高科农业学院所制定的目标将会实现，外部质量保障是必不可少的。法国是以政府作为高等教育外部质量保障主导的国家，巴黎高科农业学院教育内部质量保障也是在法国政府外部质量保障促使下逐步形成与发展的。外部质量保障包括高等教育机构之外的政府、各种团体或个人提供的与质量相关的文化、经济和法律以及评价等各种活动，其中包括质量控制、管理、评估等过程。在巴黎高科农业学院，政府主要提供了其外部质量的保障，同时巴黎高科农业学院也有责任向政府、资助者和社会提供保证以及承诺他们正致力于实现其使命，负责任地使用所得到的一系列资源，从而满足社会各界期望。

2.2.2　英国雷丁大学的农林人才培养

雷丁大学(University of Reading)建于 1892 年，是英国一流的研究型大学。雷丁大学在 2015/2016QS 世界大学排名上位居世界第 156 位，其中农业与林业学专业在 2014~2017 年连续 4 年位居 Quacquarelli Symonds(夸夸雷利．西蒙兹公司)的世界大学专业排名英国第 1 位，世界前 15 位。在英国由官方每 7 年发布一次的 REF(Research Excellence Framework，研究质量评定系统)英国大学科研实力［原RAE(Research Assessment Exercise，研究评估考核系统)］排名中，雷丁大学研究实力(research power)位居全英第 28 位。

1. 雷丁大学的招生制度

1)招生要求

雷丁大学仅接受申请者在线提交申请，以下为主要招生要求：
(1)一般要求：
①申请研究生学位的申请人通常应具有至少第一学位(通常为二类 A 等荣誉

标准或以上）或同等学力。具有较低或非标准资格的学生需获得研究生学习和研究人员发展部门（Postgraduate Research Studies and Researcher Development）的批准方可申请。

②研究生项目目的陈述书。

③相关领域研究人员推荐信。

（2）成绩要求：

①GSCE（General Certificate of Secondary Education，普通中等教育证书）的五门科目为 C 级（或数字评分方案中的 4）或以上。

②申请人必须具备英语语言能力。英语语言证书必须通过在线服务进行验证（如雅思、培生和托福），否则必须以原始证书的形式提交。

2）招生规模

表 2-10、表 2-11 为 2017 年雷丁大学的录取信息和在校学生及教师信息。

表 2-10　2017 年雷丁大学录取信息

学生人数	总录取率	本地录取：国际录取	就业率
17407	27%	79%：21%	94%

表 2-11　2017 年雷丁大学在校学生信息及教师信息

专业教师人数	学生总数	
	本地学生	国际学生
1280 人 其中国际教师：422 人	13330 人，其中： 研究生占 26%，本科生占 74%	4077 人，其中： 研究生占 50%，本科生占 50%

从 2017 年雷丁大学的录取信息及在校信息来看，雷丁大学的总录取率仅为 27%，但学生就业率很高，为 94%。同时，雷丁大学关注国际学生的招收，以此保证了生源的多样性。

3）招生制度的特点

雷丁大学的招生制度具有以下特点：第一，招生范围广，申请资料提交较为灵活。从 2017 年招生信息可以看出，雷丁大学的招生范围为全世界，并且对不同背景的申请者所需要提交的材料及证明提供多种证明途径，形式灵活。第二，招生审核严格，综合考察申请者。雷丁大学研究生学习和研究人员发展部门每年对招生体系进行更新并由校长进行审核，从而确保每年招收到优质学生。并且其笔试和面试的相应环节不仅考察了学生的专业素养，同时会对学生的综合素质进行挖掘。

2. 雷丁大学的培养制度

根据 2016 年《泰晤士报》的专业排名，雷丁大学的农业与林业学专业位列全英第一。

1) 培养目标

(1) 培养满足 21 世纪需求的人才 (educating for 21st century lives)。不断引入新的学习方式与方法，设计适合学生个人需求的最佳学习途径，提供更多的访学交流的机会，使学生在其职业生涯的各个阶段都能够发展并提升其智力和个人潜能。学习方法的更新将有助于学生能力的全面均衡发展，有访学经历的研究生占比也越来越高。面向未来的培养目标反映出雷丁大学对社会需求的重视。

(2) 巩固并维持社会发展 (securing and sustaining societies)。将科学研究与社会文化、经济发展、道德和法律约束有机结合，并致力于解决人类过去、现在和未来面临的社会挑战。通过在研究领域内的学术交流与沟通，实现传统学科跨越式发展与转型，不断加强观点交流，培养发展学生在相关研究领域的优势和潜力。

(3) 政策和实践相结合 (advancing policy and practice)。培养学生更加善于将其研究成果转化为具有超越学术价值的思想、计划和服务，并通过与学术界、政府、慈善机构和其他行业合作伙伴的合作交流，拓展学生的学习边界，使学生得到全方面发展。

作为国际知名的学术机构和英国领先的研究型大学之一，其培养目标彰显了雷丁大学对于未来农林人才的发展预测及期望。自 19 世纪以来，其教学和研究方面一直保持世界领先的卓越声誉。事实上，教学和研究是相互关联的。教师的研究通过教学传递给学生，为学生提供优良教育的同时，还培养毕业生继续推进相关开创性工作。雷丁大学希望学生全面发展，除了课业成绩良好之外，更应具备挑战精神及超强的适应能力，正如雷丁大学国际办公室东亚区域经理 Craig J. Lennox 所言：“事实上，我们并不是要找到最优秀的学生，而是要找到最全面的学生，他们既要有一定的语言水平，还要积极学习适应另一种全新的文化，我们只希望他们能真正地爱上他们所学的专业，并具有发散思维。”总之，雷丁大学的目标是培养学生具有良好的学术知识和经验，以便他们能够发挥最大的潜力和实现未来的雄心壮志。

2) 专业设置

作为农业与林业学专业位列全英领头的开放式研究型大学，为满足 21 世纪农林卓越人才需求，雷丁大学针对农林人才的培养，开设了以下专业 (表 2-12)。

表 2-12　　雷丁大学设置的农林相关专业

农业、政策和发展学	环境建设	生态学与进化生物学	地理学
微生物学	土壤科学	植物科学	环境科学

3）培养制度的特点

雷丁大学对于农林卓越人才的培养理念体现在学生培养的各个环节中，其培养制度具有以下特点：第一，在培养目标上，雷丁大学在使学生专注于专业知识的基础上，着重培养全面型人才，以满足学生未来需求；第二，在培养方案上，雷丁大学关注社会，致力于培养满足社会需求的人才，紧密关注政策与学生实践之间的联系，将学生教育与社会发展联系起来；第三，在专业设置上，学校针对农林业所开设的专业并不多，但相关专业所设课程又十分全面，从而使学生能够更加全面地了解整个农林领域的现况及发展前景。

3. 雷丁大学的资助制度

1）资助规模

除了英国政府的资助外，雷丁大学每年会提供 400 万英镑的奖学金。其中针对特定的一些专业，研究生还有机会获得慈善团体和企业提供的资助。同时，面向不同的社会阶层、不同的学生家庭背景，雷丁大学所提供的奖学金类型也各有不同，由此形成了全面的资助体系。

2）资助类型

雷丁大学为其他国际学生提供了如表 2-13 所示不同类型的奖学金，可供他们申请。

表 2-13　　针对其他国际学生奖学金申请类型

志奋领奖学金
国际硕士研究生奖学金
法学院国际奖学金
费利克斯奖学金
大学国际研究生奖学金
亨利高学院奖学金

（1）针对英国或欧盟国家学生。可通过当地政府网站申请相应的奖学金和补助，同时与大学合作的慈善团体和企业提供一些针对具体学科的奖学金，这些奖学金主要针对农业、政策和发展、经济学、亨利商学院、法学等专业和学院的学生开放。

(2)针对其他国际学生。国际学生每年都会获得一系列奖学金和奖项，获得资助的机会取决于学生的国籍和学习的课程。

(3)校园兼职工作。雷丁大学有校办工厂、超市和咖啡厅等，可供学生在学习的同时进行工作。

雷丁大学资助制度的特点主要有以下两点：第一，针对性强。针对学习费用较高的专业所提供资助更多，并且针对不同的学生背景所提供的奖学金类型也不尽相同。第二，资助方式多样化。在政府提供资助的同时，学校还出台不同类型的资助政策，更为学生提供可以兼职的地方。

4.雷丁大学的质量保障制度

1)外部质量保障

为保证教学质量与服务质量，英国政府相继推出了针对大学教学管理、过程、手段、资源、设施服务的一整套考核评价体系。并且，政府专门设立了质量监督部门，其主要职责就是对学生从入学到毕业各个阶段进行监督，从而进一步从校外保证英国大学的教学质量。

2)内部质量保障

雷丁大学致力于高标准的治理结构并不断完善其治理过程和框架，它采用了公司治理的模式对大学的日常教育活动进行管理。雷丁大学的主要组成部分是董事会和理事会，每个都有详细描述的定义、责任以及职能。

董事会是大学的权力机构，每学年至少举行四次会议。董事会负责确定大学的战略方向，确保遵守法定要求并批准组织变更。董事会最终负责管理大学的财产、财务和工作人员，促进教学、学习和研究，以及为学生的一般福利作出规定，详细的工作分属于小组委员会负责。董事会里有来自商业、社区和专业组织的成员代表，代表的广泛性为雷丁大学的治理提供了多元化与平衡性的保障。

理事会是大学的主要学术行政机构。理事会每年至少举行四次会议，理事会就诸如学生入学、评估和奖励问题有决定权，理事会有约100名成员，包括院长、校长和副校长、教师代表以及专业人员和学生代表，负责企业、研究、教学和学习事务的理事会要定期向董事会报告。

雷丁大学研究生教育在质量保障方面的特点主要体现在以下方面：第一，管理制度可行性高。学校借鉴公司管理条款，分别设立董事会和理事会，双方分工明确、相互制衡，从而保证雷丁大学具有稳定的人才流入。第二，考核评价体系促使学校稳定发展。政府通过制定考核体系，对学校的发展起到一定的监督作用，促使学校不断前进发展。

2.2.3　瓦格宁根大学的农林人才培养

瓦格宁根大学是一所研究生命科学的著名高等学府(世界百强名校之一)，也是欧洲农业与生命科学最顶尖的研究型大学之一，其农业科学、生命科学、食品科学等在全球享有极高的声誉。此外，该校农业科学、环境科学在 United States News & World Report(美国新闻与世界报道)、QS 等世界知名高等教育榜单上也排名世界第 1 位。

1. 瓦格宁根大学的招生制度

1) 招生要求

(1) 基本要求。

①拥有与所选课程相关的学士学位(或同等学力)。

②本科期间平均分数至少为 7 分(荷兰系统)，平均分(GPA)至少为 B/B+(美国系统)或分类为第二高(2nd upper)(英国系统)的成绩证明。

③英文流利，包括书面和口头表达。雅思要求至少 6.5 分，托福要求至少 80 分。

(2) 其他要求。

①目的陈述。解释希望参加所选课程的原因，并说明该课程对所学专业的实际价值(最多一页，用英文)。

②简历或简短的个人历史。

2) 招生规模

表 2-14 为 2013～2017 年瓦格宁根大学的部分录取信息及学校信息，从表中可以看出，其研究生人数在逐年增加。

表 2-14　2013～2017 年瓦格宁根大学学生总人数与研究生数统计

人数	2013～2014 年	2014～2015 年	2015～2016 年	2016～2017 年
学生总人数	8825	9544	10380	11278
研究生人数	4190	4562	5050	5480

瓦格宁根大学的录取率相对较高，其国际学生所占比例为 25%左右，保证了生源的多样性。

3) 招生制度的特点

瓦格宁根大学的招生制度有以下两个特点：第一，注重招生来源和教职工来源的多样性，无论是本科生、研究生抑或是教职员工，其招收来源都具有多样性。第二，考察严格。学校对申请者实行的考察，无论是在成绩方面的要求还是目的陈述、个人简述方面，每个环节都进行严格考核，通过层层考核，最终筛选出具有入学资格的优秀学生。

2. 瓦格宁根大学的培养制度

作为荷兰农业方向实力最强的大学和欧洲农业方向与生命科学最好的研究型大学之一，瓦格宁根大学对于人才培养的制度具有很强的借鉴价值。

1) 培养目标

瓦格宁根大学与研究学院（WUR）作为一个国际研究和知识中心，其使命是探索大自然的潜力，提高人类生活品质。瓦格宁根大学对于其研究生的培养目标也围绕其使命而制定。

(1) 不仅是学习并掌握高层次的知识，而且是将这些知识在全球范围内进行实践。

(2) 培养在近期及更远的未来可以实现知识和技术突破的农业型人才，保持瓦格宁根大学作为绿色应用科学研究领先供应商的地位。

(3) 能够与政府和企业密切合作，实现知识共享并能一起为世界所面临的重大挑战找到可持续的解决方案。

(4) 能够运用掌握的知识为解决相关的社会挑战做出实质性贡献。

2) 培养方案

针对上述培养目标，瓦格宁根大学提出一系列培养方案。

(1) 针对全日制学生开发具有校内教育的单一连贯教育系统，针对远程和非全日制学生提供在线教育和个性化教育，包括网上慕课，从而使学生能够全面掌握自己所在领域的相关知识。

(2) 鼓励教育与研究之间的平衡。在学习知识基础的同时，让研究生更多地走进实验室，将所学知识进行运用，以此培养研究生的科研兴趣。

(3) 促进跨文化技能、实习和海外教育。将学校市场扩大到海外，吸引更多相关专业性人才，从而在学校形成竞争氛围，促使其进步及探索。

(4) 更新校内的教育方法和年度创新预算，以实现渐进的教育改革。

(5) 为更多学生开放硕士课程，学生可根据学习能力的不同去选择相应的课程，以此有助于挖掘出学生的潜力。

(6) 与优秀知识机构进行国际合作，研究如何加强国际交流、提供英语授课的课程。

3) 专业设置

为培养农林方面的卓越人才,瓦格宁根大学研究生教育阶段开设的农林相关专业见表 2-15。

表 2-15　瓦格宁根大学设置的农林相关专业

农业生态学	动物科学	生物基础科学	生物信息学	生物学	生物系统工程	生物技术
环境科学	森林与自然保护	景观建筑与规划	植物生物技术	植物育种	植物科学	有机农业

瓦格宁根大学对于农林卓越人才的培养理念体现在研究生培养的各个环节中,其研究生培养制度具有以下特点:第一,依据社会需求培养相关人才。瓦格宁根大学十分看重学校与社会之间的联系,并且强调学生关注全球性问题,从而培养学生的社会责任心。第二,注重学校的学习氛围。瓦格宁根大学不断拓宽研究生教育市场,不断进行教学改革,促使校园形成浓厚的学习氛围。第三,注重培养专业性人才。将学生与实践及科研相联系,使学生学有所用,从而加强学生的专业性技能。

3. 瓦格宁根大学的资助制度

1) 资助规模

针对欧盟国家学生,提供网络申请途径,学生可以根据自身情况在网上进行申请,每年大概有 20%左右的学生申请成功;针对非欧盟国家学生,学校每年会公布瓦格宁根大学奖学金计划,每年有 30 名左右的学生有机会获得学校奖学金;同时,针对经济困难的学生,学校也提供相应的贷款服务。

2) 资助类型

瓦格宁根大学根据不同的学生来源设置有不同的学生资助:
(1)针对欧盟国家学生,提供表演补助金、贷款和公共交通学生卡,学生需要到政府指定网站统一进行申请。
(2)针对非欧盟国家学生,学校提供一系列奖学金计划,具体见表 2-16。
瓦格宁根大学资助制度的特点主要有以下两点:第一,统一受理资助申请。针对欧盟国家所有学生,需自己去官网申请,而非以传统模式以学校为单位申请;第二,注重与各国基金协会合作,瓦格宁根大学针对非欧盟国家学生的奖学金大多都是来自不同国家的基金资助协会。

表 2-16　针对非欧盟国家学生瓦格宁根大学奖学金计划

橙色知识计划	由发展合作预算部门提供资金，旨在帮助增加发展中国家劳动力的供应量
斯坦奈德计划	仅针对在相关组织中至少有两年工作经验的印度尼西亚专业人员，申请成功后可获得硕士学位奖学金以及短期定制课程培训
维克多·平丘克基金 （针对乌克兰国籍）	是维克多·平丘克基金会的一项教育举措，旨在培养新一代乌克兰专业精英
安妮·范登班奖学金	仅允许来自发展中国家并且有才能的大学生申请
其他奖学金	联合国各机构、欧洲联盟、世界银行、区域开发银行和私人基金会等国际组织通过特别方案提供的奖学金或研究金，特别用于申请者出国留学

4. 瓦格宁根大学的质量保障制度

瓦格宁根大学的质量保障制度主要分为外部质量保障和内部质量保障。

1) 外部质量保障

为保证教学质量与服务质量，荷兰政府相继推出了针对教学管理、过程、手段、资源、设施服务的一整套考核评价体系，政府专门设立了质量监督部门，其主要职责就是对学生从入学到毕业各个阶段进行监督，从而进一步从校外保证其教学质量。

2) 内部质量保障

瓦格宁根大学实际分为大学和研究院两个部分，即瓦格宁根大学和瓦格宁根研究院。在行政管理方面，大学和研究院合作建立了治理联盟，执行委员会和监督委员会是同样的成员，这是为了保证大学和研究机构之间的最大行政统一。执行委员会负责大学和研究机构的管理，并对董事会负责；董事会根据执行委员会的建议，确定学校的发展目标和战略计划。执行委员会由五个学科专业委员会代表、董事及总经理代表组成。每个学科专业委员会的代表都是由瓦格宁根大学和研究中心的员工组成，各学科专业委员会代表组成联合工作委员会。此外，瓦格宁根海洋研究院、行政员工和校园设施及服务部门还有独立的工作委员会。在这个独立工作委员会的基础上，成立了一个中央工程委员会(COR)；不仅如此，学生大会(SC)和学生会委员会(SSC)也是大学管理的参与机构。瓦格宁根大学和研究院致力于确保学校治理组织的有效运行，实现组织行为和权利义务的完全透明。

3) 质量保障制度的特点

瓦格宁根大学的质量保障制度主要有以下特点：第一，依据"企业管理准则"管理学校。学校的管理机构和管理成员都有明确的分工，并依据企业管理制度开展运营，具有高度可行性。第二，对学校人才质量的多方位监督。在外部政府、媒体等对学校人才质量进行监督的同时，也保证了学校内部也有相应的监督审核团队。

2.3　日本高校卓越农林人才培养的考察

2.3.1　东京大学的农林人才培养

东京大学创立于 1877 年，是日本历史最悠久的大学，也是日本的最高学府。自创立以来，东京大学作为东西方文化融合的学术据点，培育了许多优秀的人才。东京大学在 2017 年上海交大世界大学学术排名中位列第 24 位，在 2018 年 QS 世界最佳大学排名中位列第 28 位。

截至 2020 年 6 月，东京大学拥有 10 个负责本科教育的学部，15 个相当于研究生院的研究科和若干附属研究所。在 2003 年发布的《东京大学宪章》中，东京大学将学术的基本目标概括为：以学术自由为基础，追求真理与创造知识，保持和发展世界一流的教育和研究。深刻认识研究对社会的影响，确保与社会活力相对应的广泛的社会合作，努力为人类发展做出贡献。在把创立以来的学术积累以教育的方式回馈给社会的同时，开展国际视野下的教育与研究，谋求与世界的交流。

东京大学的农学生命科学研究科(相当于我国的研究生院)有 12 个专攻方向，分别是生产、环境生物学专攻，应用生命化学专攻，应用生命科学专攻，森林科学专攻，水圈生物科学专攻，农业、资源经济学专攻，生物、环境工学专攻，生物材料科学专攻，农学国际专攻，生态系统学专攻，应用动物科学专攻，兽医学专攻。农学生命科学研究科的教育目标是：推进构成农学基础的各科学的教育与研究，培养解决与人类食物和环境有关的各种问题的专业性人才。

1. 东京大学的招生制度

1)招生要求

以 2018 年东京大学农学生命研究科研究生招生为例,研究生申请时间是 2017 年 7 月，笔试和口试时间在 2017 年 8 月。研究生申请者需满足以下任意条件：

(1)毕业于日本的大学或预计于 2018 年 3 月 31 日之前毕业的学生；

(2)在国外完成 16 年学校教育或预计于 2018 年 3 月 31 日之前完成的学生；

(3)在国外大学或其他国外学校完成 3 年以上课程，并得到或预计于 2018 年 3 月 31 日之前能够获得学士学位同等学位的学生；

(4)经过文部科学大臣指定且在指定教育机构结业或预计于 2018 年 3 月 31 日之前结业的学生；

(5)大学改革支援·学位授予机构颁发学士学位或预计于 2018 年 3 月 31 日之前能够获得学位的学生；

(6)根据个别入学审查,被本研究科认定获得日本的大学毕业生同等学力以上且在 2018 年 3 月 31 日已满 22 岁的学生。

申请材料包括：

(1)一份申请书；

(2)成绩证明书；

(3)确认书(仅限应用生命化学和应用生命科学方向)；

(4)研究计划书 1 份(仅限农业资源经济学方向)，2000 字以内；

(5)推荐信一封以上(仅限应用动物科学方向)。

2)招生规模

表 2-17 东京大学农学生命科学研究生院2014～2017 年硕士生注册人数

学年	申请人数	录取人数	录取率/%
2014	384	272	71
2015	408	282	69
2016	411	271	66
2017	407	290	71

资料来源：根据东京大学的官方网站整理，见 http://www.u-tokyo.ac.jp/stu04/e02_01_j.html。

3)招生程序

研究生有两种选拔方式，一种是一般选拔，另一种是面向已经工作的社会人的特别选拔。①一般选拔包括笔试(基础学科、外语、专业科目)、面试(申请应用生命化学和应用生命科学专业的除外)、出身学校的学业成绩和支持申请的材料。②社会人选拔包括笔试(基础学科、外语、专业科目)、面试(申请应用生命化学和应用生命科学专业的除外)、出身学校的学业成绩、事先提出的研究计划书和支持申请的材料。对于有特殊优势的学生，可直接向研究科事务部咨询。

2. 东京大学的培养制度

1)培养目标

本书以农学生命科学研究生院 12 个专攻方向为例分开说明。

(1)生产、环境生物学方向。为社会输入以支撑农业生产的生命科学、环境科学、生物生产科学等领域的专业知识为基础，能应对日本和世界的食物问题和环境问题的人才，培养在各自领域内具有世界水平的研究者。

(2)森林科学方向。推动与森林相关的生物科学、环境科学、资源科学、社会科学等领域的世界一流教育与研究，培养能够解决与森林自然生长和可持续经营有关的基础和应用课题的专业人才。

(3)应用生命化学方向。以化学、生物为基础，以阐明动植物等的生命现象，解决粮食、食品等有用物质的生产和人类面临的环境问题等问题为目标，进行研究教育。通过习得最新的生命科学知识和高专业化的技术，培养能够促进生命化学发展或者能为解决粮食、食物和环境问题做出贡献的人才。

(4)应用生命科学方向。以日本传统微生物科学应用的发酵、酿造技术为源头，与结构生物学、生物信息学等新领域相结合，进行以最先进的生物技术为基础的科研教育活动。培养能发现和阐明生命现象，并将结果回馈到社会，能灵活应对科学快速发展的研究者和技术人员。

(5)水圈生物科学方向。对各种水生生物的可持续生存和水圈生态系统的保护进行教育和研究，培养能够对人类的食物和环境等全球问题做出积极贡献的人才。

(6)农业、资源经济学方向。确定农业、资源在广泛经济中的位置，对农业、食品、资源、开发等各种问题进行社会科学的分析，养成阐明实际情况和寻找解决问题的方法与手段的能力，成为有助于提高本领域研究水平的研究者，培养为社会带来贡献的人才。

(7)生物、环境工学方向。保护地球和自然环境的同时维持食品生产的基础和地域环境，以生物资源的高度可持续利用为课题，养成主要以工学方法来探究的能力。

(8)生物材料科学方向。为了构筑一个持续安定的环境共生社会，追求以植物资源为中心，将生物质能转换为有用物质的技术及其高效生产为目的的基础科学和应用技术。推进生物工程、绿色化学、材料工学组合的教育与研究。社会人研究生课程"木制建筑课程"致力于培养此领域的专家。

(9)农学国际方向。推进充分利用农学原有综合实力的教育研究，培养以人类赖以生存的粮食生产和生物圈保护为基础，为安全繁荣社会的实现做出贡献的人才。

(10)生态系统学方向。阐明生态系统在各个领域中的作用机制，培养以维持人与自然和谐相处的地域、地球环境为目标，并具有相应技术和知识的人才。推动超越现有专业领域的教育和研究，明确人与自然的关系，尤其致力于生物多样性保护和可持续生物生产模式调查。

(11)应用动物科学方向。以哺乳动物为主要研究对象，探求动物从分子程度到个体程度拥有的复杂多样生命现象的机制，发展基础生物学，开发动物多样机能，培养为生物技术做出贡献的专业人才和世界一流水平的研究者。

(12)兽医学方向。培养能够阐明动物的生命迹象及病理，同时担负公众卫生安全的高度专业化人才，构筑动物与人类的和谐关系，为双方的健康与福祉做出贡献。

2) 课程设置

以生产、环境生物学专攻为例，研究生课程的标准毕业年限为两年，毕业条件为取得 30 学分以上，必须通过研究生学位论文审查和最终试验。其中，必须完成专业课程 8 学分以上，特别课程 2 学分以上，实验 I、II 12 学分以上和演习 I、II 8 学分以上。

生产、环境生物学方向开设的硕士专业课程(括号内为学分)有：作物学(2)、植物生产生理学(2)、园艺学(2)、园艺生产生理学(2)、昆虫病毒学(2)、昆虫遗传学(2)、昆虫资源开发学(2)、昆虫生理学(2)、育种学(2)、植物遗传学(2)、栽培学(2)、植物形态形成学(2)、植物病理学(2)、植物病毒学(2)、植物细菌学(2)、植物菌类学(2)、生物测定学 I(2)、生物测定学 II(2)、植物分子遗传学 I(2)、植物分子遗传学 II(2)、昆虫学(2)、综合害虫管理学(2)、有害动物学(2)、生物资源开发学(2)、环境资源开发学(2)、植物持续生产学(2)、应激生物学(2)。

特别课程：生产生物学特别课程 I(2)、生产生物学特别课程 II(2)、环境生物学特别课程(2)。

实验：应用生物学特别实验 I(6)、应用生物学特别实验 II(6)、基础生物学特别实验 I(6)、基础生物学特别实验 II(6)、资源创造生物学特别实验 I(6)、资源创造生物学特别实验 II(6)、生产生态学特别实验 I(6)、生产生态学特别实验 II(6)。

演习：为了获得演习的学分认定，需要参与其规定次数的大学院研讨会(硕士 7 次以上、博士 8 次以上)。演习开设的课程有：应用生物学演习 I(4)、应用生物学演习 II(4)、基础生物学演习 I(4)、基础生物学演习 II(4)、资源创造生物学演习 I(4)、资源创造生物学演习 II(4)、生产生态学演习 I(4)、生产生态学演习 II(4)。

在大学院研讨会中，需引用 7 篇以上论文，并进行相关领域的简短评论。博士、硕士论文发表会和中间报告会认定为大学院研讨会一次。中间发表会是为了报告研究生的研究状况，活跃专业内的研究交流，每年一次(通常在三月)以海报发表的形式进行的活动。硕士的学位审查需要提出硕士论文，在硕士、博士论文发表会上进行全教员出席的答辩，决定是否合格。

3. 东京大学的资助制度

1) 东京大学基金

东京大学以 2004 年法人化为契机，为了推进战略上的研究教育活动，创立了东京大学基金。在 2016 年度(2016 年 4 月到 2017 年 3 月)，东京大学基金申请总额(捐赠申请书上记载的金额)达到 28.4 亿日元。东京大学基金从用途和管理方法上分为指定用途的捐赠和未指定用途的捐赠,2016 年度中指定用途的捐赠为 24.2 亿日元,未指定用途的捐赠为 4.2 亿日元(表 2-18)。

表 2-18　　东京大学基金 2016 年度申请总额明细

未指定用途捐赠	4.2 亿日元	作为东京大学基金核心的公积金,运用本金
指定用途捐赠	24.2 亿日元	主要项目: ①校园环境维护 1.4 亿日元 新图书馆建设、小石川植物园温室改建、东大医院 Medical Town 基金等 ②奖学金等 7.3 亿日元 皐月会奖学金基金、Go Global 奖学基金、留学生支援基金、Global Leader 培养项目、东大学生海外体验项目等 ③教育、研究支援 14.5 亿日元 Kavli 宇宙数学物理研究机构支援、史料编纂所支援、理学系研究科支援、数理科学研究科支援、医学研究所支援等 ④其他 1 亿日元 运动振兴基金、东日本大地震救援复兴支援等

资料来源:根据东京大学的官方网站整理,见 http://utf.u-tokyo.ac.jp/result/pdf/result_2016.pdf。

2)奖学金

东京大学现有许多种类的奖学金,多数是由外部团体提供的,也有一些奖学金是东京大学直接授予的,对于外国留学生来说,还有一些奖学金可以在去日本之前就申请。具体奖学金有:日本政府 MEXT 奖学金,根据情况不同,每人每月可获得资助 11 万日元以上;日本学生支援机构提供的外籍学生自费留学奖学金,每人每月资助 48000 日元;东京大学国际留学生特殊奖学金,根据不同标准,每人每月资助 15 万日元或 20 万日元。除此之外,民间团体提供的奖学金,比如山冈育英会奖学金、桥谷奖学会奖学金等等,其中还有部分奖学金规定了专业或者地域,比如东京大学光创新基金奖学金是由多个光科学企业共同资助相关专业学生,每月资助 15 万日元。

4. 东京大学的质量保障制度

1)外部质量保障

外部质量保障体系主要由日本文部科学省、大学评估机构等第三方评价体系组成。为了充实研究生院的教育,文部科学省颁布了多种政策。2002 年 9 月文部科学省开始实施作为卓越基地的《21 世纪 COE 计划》,该计划引入竞争机制,期望能建立一批卓越的学术研究中心。日本政府计划投入 182 亿日元资金重点扶植研究生培养单位开展独创性前沿研究,东京大学入选 COE 项目占总项目数的 1/10,获得了数十亿日元的资金支持。2006 年出台了《研究生院教育振兴对策大纲》，修正研究生院设置基准，继续支援《21 世纪 COE 计划》和《系统推进研究生院教育改革项目》。2011 年 8 月，文部科学省出台《第 2 次研究生院教育振兴对策大纲》，以继续强化研究生院教育实质化为基础，重视与国内外多样社会的交流，继续提高研究生院教育质量。在 2015 年的《国立大学经营力战略》中，文部科学省会对积极进行自身改革的大学重点分配国立大学法人运营费补助金，促进各所大学强势的发挥和特色的建立，更深入推进国立大学改革。

目前日本有三大第三方大学评估机构，第一是 1947 年成立的大学基准协会(JUAA)，日本的大学半数以上都是该协会的正式会员或者赞助会员。大学基准协会从 2004 年开始对大学进行评估，并且范围在不断扩大，比如 2006 年开始的短期大学法律研究生院评价，2017 年开始的兽医学评价。自大学基准协会成立之后，通过建立评价基准和对会员校的认证评价在规范、保障私立高等教育发展方面起到巨大作用。第二是 2004 年设立的主要对大学、短期大学、时尚·商科专门职业学院进行评价的日本高等教育评价机构(JIHEE)，目前会员大学和会员短期大学一共有 370 所。第三是 2016 年由大学评价·学位授予机构和国立大学财务经营中心合并而成的大学改革支援学位授予机构(NIAD)，主要对大学、高等专门学校、法学大学院进行认证评价。值得注意的是，所谓由第三方实施的认证评估主要指非大学或政府机构按照一定的标准对高校实施的评估，认证特指这些机构必须事先得到政府的认可或认证，才有资格作为第三方对高等院校进行评估。除此之外，新闻机构《朝日新闻》也会公布日本国内大学排名，在日本国内具有一定影响力，对日本国内大学的教育质量也起到了监督和评估的作用。

2) 内部质量保障

东京大学教育研究评议会是由 40 多位教学和行政管理人员组成，每一学年度召开 6～7 次会议，探讨大学内外形势、制定和修改学校的规章制度、商讨其他议题等。此外，还有东京大学经营协议会，主要负责大学经营事项的相关探讨。东京大学的教育研究一直是以部局这样的组织为中心进行，部局主要以研究领域的不同来设置，比如学部、研究生院、附属研究所等。为了适应学术迅猛发展，提高大学运营效率，东京大学在校长室下设校长室总括委员会来推进跨部局教育研究课题。另外，东京大学国际顾问委员会是在 2006 年设置的，旨在从国际多种角度为东京大学的战略和其他一系列课题提供建议，截至 2018 年，顾问委员会已召开了 12 次会议。

东京大学的内部质量保障还离不开其制定的规章制度，2003 年制定的《东京大学宪章》规定了东京大学组织、运营的基本原则，确立了学术基本目标和教育目标。2016 年实施的第三期中期目标与计划(2016～2021 年)确立了大学教育研究的目标、业务运营和效率化目标、财务改善目标以及大学自我评价有关目标。在第二期中期目标与计划期间(2009～2015 年)，东京大学提出了"行动脚本 Forest

2015"的中期目标，Forest 代表 Frontline、Openness、Responsibility、Excellence、Sustainability、Toughness，并且已经公开了达成状况的报告书。报告书中公布了重点课题如追求学科多样性、创造全球化校园、增加与社会的联系等重点课题的实施状况和各部门如本科、研究生院与附属研究所等的追踪调查情况(图 2-5)。

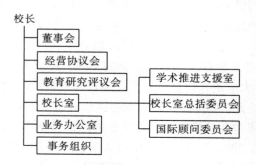

图 2-5　东京大学组织构成

资料来源：根据东京大学的官方网站整理绘制，见 https://www.u-tokyo.ac.jp/ja/about/overview/b02_01.html。

此外，东京大学全校研究中心下属的大学综合教育研究中心也在东京大学内部教育质量保障中担负着重要的角色。大学综合教育研究中心是东京大学唯一的教育支援部局，负责大学全校教育活动有关情报的收集与分析，参与改善全校教育，协助教育运营委员会，开展本科教育和大学评价等教育改革的基础活动。

2.3.2　京都大学的农林人才培养

京都大学创立于 1897 年，是日本国内顶尖的研究型国立大学。截止到 2020 年6 月，京都大学有 10 个负责本科教育的学部以及 17 个研究生院，除此之外，还有13 个研究所、7 个研究中心。2017 年 10 月，其中的 15 个研究所和研究中心被认定为"文部科学省共同利用与共同研究据点"①，是日本国内认定数最多的大学。

京都大学农学研究科有 7 个专攻方向，分别是农学专攻、森林科学专攻、应用生命科学专攻、应用生物科学专攻、地域环境科学专攻、生物资源经济学专攻、食品生物科学专攻。农学研究科的教育研究目标为：立足于本校重视自由学风的基本理念，继承优秀科研与教育传统，确保安全优质的食品，抑制环境恶化，恢复恶劣的环境，致力于解决人类直面的困难的课题，为地球社会和谐共存的目标做出贡献。

---

① 是日本文部科学省为了提高日本国内大学全体的研究能力，在公立和私立大学的附属研究所中认定的可供全国研究者共同利用的机构。

1. 京都大学的招生制度

1）招生要求

以 2018 年京都大学农学研究生院招生为例，研究生申请时间是 2017 年 7 月，笔试、面试成绩在 8 月底公布，具体招生要求如下。

符合下列任意条件或在 2018 年 3 月末之前符合下列任意条件的申请人：

（1）大学毕业的申请人；

（2）根据学校教育法第 104 条第 4 项的规定被授予学士学位的申请人；

（3）在外国接受了 16 年学校教育课程的申请人；

（4）在日本接受国外学校开办的远程教育课程从而完成该国家 16 年的学校教育的申请人；

（5）在日本，曾在国外教育制度中所认可的大学中履修课程（仅限于完成该国 16 年学校教育课程），同时完成由文部科学大臣指定课程的申请人；

（6）在文部科学大臣规定的日期之前，完成了文部科学大臣指定的职业学校专业课程的学生；

（7）根据 1954 年文部省告示第 5 号，文部科学大臣指定的申请人；

（8）大学在学三年以上，并且在国外完成 15 年的学校教育，在所规定的课程中取得优秀成绩，以及本研究科认可的申请人；

（9）在本研究科，根据个别入学资格审查认定获得大学毕业同等学力，并且年满 22 岁的申请人。

申请材料包括：

（1）入学申请书；

（2）成绩证明和毕业证明；

（3）毕业论文概要（1000 字以内）。

2）招生规模

表 2-19　京都大学农学研究生院 2014～2017 年入学状况

学年	女性学生	男性学生	合计
2014	103	190	293
2015	110	211	321
2016	99	218	317
2017	100	220	320

资料来源：根据京都大学的官方网站整理。

3) 招生方式

研究生有两种选拔方式，一种是一般选拔，另一种是面向已经工作的社会人的选拔。在招生程序上，一般选拔和社会人选拔都是根据本科学业成绩和学力考试成绩来录取。其中学力考试包括专业考试、英语和面试，学力考试各科目设有不同的合格基准，需要全部达标。若申请同一专业人数过多，即使达到最低合格基准，也有不录取的可能。

2. 京都大学的培养制度

1) 培养目标

通过进一步深化本科培养的学术知识和伦理性，习得高度专业化知识和研究技术，并且成为拥有以下使命感的教育、研究者，企业或政府机关的专门技术人员、行政人员。

(1) 肩负阐释生命现象，利用生物生产，保护地区与全球环境等方面的独创性的科学。

(2) 实现促进农林水产业及食品生命科学相关产业发展的划时代技术革新。

(3) 从多角度解决当代社会的各种问题，在保持与环境良好关系的同时，提出应采取的维系社会发展的措施和理想的社会形态。

2) 课程设置

农学研究科研究生的课程计划如下：

(1) 主要课程和相关的专业知识将通过每个专业组织的课程和专题讨论来学习。

(2) 重视每位学生与教师积极研讨并且根据课题研究撰写论文。通过这一方式，学习如何应对未知问题，学习逻辑思维方法、各领域的尖端知识、实验技术和科学伦理。

(3) 为了培养具有广泛知识、经验和判断力的学生，将为每一位学生配备主指导教师和副指导教师各一名，满足每位学生的需求并且进行详细指导。副指导教师的选定在各专业内进行。

(4) 培养演讲能力、沟通能力和讨论技巧，帮助学生在学会发表研究成果。

(5) 积极进行英语授课。

3) 评价考核

农学研究科相应的学位授予方针为：

在硕士课程中，在规定年限完成学习，接受研究指导，取得相应学分并且通过本研究科举行的硕士论文审查和考核的学生将被授予硕士学位。

在硕士课程结束后，需要达到以下要点：

(1)习得与生命现象相关的机制、生物的生产和利用、从区域到地球规模的环境保护、人类食物问题的方面高度专业化的知识与研究技术。

(2)以在各自领域进行高度创新的专业研究，实现划时代的技术革新，提出维持社会持续发展的措施为使命。

(3)拥有能吸引在各自专业及相关领域的研究者注目的研究成果，并且加深相互理解的演讲能力和沟通能力。

(4)掌握能将自己的研究成果传达给世界的必要语言能力。

硕士论文的审查及考核，由多位审查员考核是否达到上述目标，论文是否具有学术意义、新颖性、创造性和应用价值；学位申请者研究的推进能力、研究成果逻辑的说明能力，是否具有与研究领域相关的广泛知识与逻辑。

3. 京都大学的资助制度

京都大学对学生实行学费全额或者半额免除有三种情况，第一是经济困难并且成绩优秀的学生，第二是在入学半年之内学费负担者死亡或者学生本人遭受自然灾害，第三是在第二种情况下，校长认定有合理事由可以进行学费减免。

除此之外，京都大学还有各种各样的奖学金可供学生申请，例如有贷款型奖学金与给予型奖学金，面向日本学生的奖学金和外国留学生的奖学金等有不同的分类。

(1)一般奖学金：具有代表性的有日本学生支援机构(JASSO)奖学金，地方公共团体、民间团体奖学金，学生可直接申请奖学金。

(2)面向到海外留学的京都大学学生的奖学金。

(3)留学生奖学金：具有代表性的有面向自费留学生的奖学金，通过京都大学申请的外国留学生奖学金，日本文部科学省提供的奖学金。

4. 京都大学的质量保障制度

京都大学内部质量保障体系由与学术经营有关的组织机构组成，具体关系如图 2-6 所示。

2003 年文部科学省设立了国立大学法人评价委员会，并且设置有两个分会：国立大学法人分会和大学共同利用机构法人分会，委员会会员一般为 20 人以内。根据文部科学省的要求，国立大学须接受国立大学法人评价委员会的评价，主要评价内容为国立大学各年度和中期目标的业务实绩，评论结果也将公开。2015 年京都大学公布了第二期中期计划·中期目标(2010～2014 年)的自我检查与评价报告书，分为本科和研究生院等教育研究活动情况报告和教员情况报告，已接受国立大学法人委员会的检查。

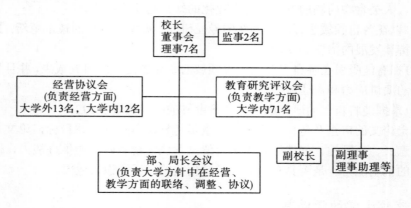

图 2-6   京都大学管理运营机构

资料来源:根据京都大学的官方网站整理绘制,见 http://www.kyoto-u.ac.jp/ja/about/organization/head/admin/index.html。

1947 年的《学校教育法》提出大学有义务进行自我检查与评价，但 1999 年起文部科学省要求大学必须进行自我评估并且向社会公布结果。2011 年，大学评价委员会认定了京都大学自我检查与评价基本方针。根据此方针，京都大学内部质量保证系统是将自我检查与评价的结果与自我改善相联系的系统，学校将利用内部质量保证体系不断有效地运行，促进整个大学的改善，努力提高整个大学的评估质量。

2.3.3 北海道大学的农林人才培养

北海道大学创立于 1876 年，是日本国内顶尖的研究型综合大学，其前身为札幌农学校。2014 年北海道大学入选日本"超级国际化大学计划(Top Global University Project)"A 类顶尖校。北海道大学设有两个校区，有 12 个本科学院、18 个研究生院、3 个附属研究所、3 所全国共同教育研究设施。

北海道大学设有农学院、农学研究院，还专门设有水产科学院和水产科学研究院。农学院设有共生基盘学专攻、生物资源科学专攻、应用生物科学专攻、环境资源学专攻 4 个专攻方向。农学研究院为了构筑新的农学体系，研究粮食、资源、能源、环境的尖端研究据点，设有生物资源科学、应用生命科学、生物机能化学、森林科学、畜产科学、生物环境工学、农业经济学 7 个基础研究方向。水产科学院和水产科学研究院都分别设有海洋生物资源科学和海洋应用生命科学 2 个专攻方向。

1. 北海道大学的招生制度

1) 招生要求

以 2018 年北海道大学农学研究生院招生为例，研究生申请时间是 2017 年 7 月，笔试和口试时间在 2017 年 8 月。研究生申请者需满足以下任意条件：

(1) 大学毕业的人以及预计在 2018 年 3 月毕业的申请人；

(2) 根据学校教育法第 104 条第 4 项的规定被授予学士学位的人以及即将被授予的人；

(3) 在外国完成 16 年学校教育课程的申请人；

(4) 在日本接受国外学校开办的远程教育课程从而完成该国家 16 年的学校教育的申请人；

(5) 在日本，有过在国外教育制度中所认可的大学中履修课程（仅限于完成该国 16 年学校教育课程），同时完成由文部科学大臣指定课程的申请人；

(6) 在文部科学大臣指定日期以后修习完成专修学校①的专门课程的申请人（仅限于学习时间在 4 年以上，满足文部科学大臣规定的其他基准的人）；

(7) 文部科学大臣指定的申请人（根据 1954 年文部省告示第 5 号）；

(8) 在本学院，根据个别申请资格审查被认定为大学毕业及以上同等学力，在 2018 年 3 月 31 日之前满 22 岁的申请人。

申请材料包括：

(1) 入学申请书；

(2) 成绩证明书；

(3) 毕业证书；

(4) 托业证书（仅限生物资源科学方向，应用分子生物学讲座除外）。

2) 招生规模

表 2-20　北海道大学农学院 2014～2017 年入学状况

学年	申请人数	入学人数	录取率
2014	206	159	0.77
2015	210	149	0.71
2016	194	166	0.86
2017	223	158	0.71

资料来源：根据北海道大学的官方网站整理。

---

① 专修学校是除了小学、中学、大学、高专、盲人聋哑人学校、保健学校、幼儿园之类的，由日本学校教育法第一条所规定的学校之外的教育设施。

2. 北海道大学的培养制度

1) 培养目标

认识作为人类赖以生存基础的农学的意义和个人研究的社会意义，强化问题意识，拥有以时代意识为支撑的高度专业能力。具体的人才培养目标为：

(1) 培养在农学最前端具有世界水准的研究者，即大学教师、产业界和政府机关的工程师与研究者，以及国际组织的专业人员等人才。

(2) 富有跨学科和高度专业化知识的地方政府专业人员、企业领导、技术转移的规划和管理者以及可能在新环境产业和生物产业创新的人才。

(3) 拥有能向社会传播农学基础和最尖端研究成果和启蒙普及能力的人才。

2) 课程设置

除了各专业学术领域的教育和研究外，还将实施活用农学多样性的多学科融合的跨文理综合教育。开设能够培养出具有与生存基础紧密联系的农学问题意识的综合性人才，又在专业领域掌握灵活的专业思考方式并且有职业道德的专业人才的课程。

(1) 为了使农学院研究生掌握专业领域中的知识和能力，农学院的四个专业将合作开设农学院共同课程。

(2) 在每个专业都将开设获取每个专业领域高度专业化知识所需的课程。

(3) 在每位学生所属研究室进行学术研究，开设定期研讨会，指导学生提高问题的分析解决能力和学习提高自身研究水平的知识和技术。

(4) 在两个学年 4 个学期的期末进行研究生论文研究的公开发表会，提高论文写作能力和演讲能力。

(5) 积极给学生提供在国内外的学术交流会上进行研究成果发表的机会，通过与自身研究领域专家的讨论培养沟通能力，促进研究进展。

(6) 通过助教工作，提高各类职业所需的教育能力。

3) 评价考核

农学院将对获得以下列举能力的学生授予研究生学位：

(1) 对农业科学知识有广泛的了解和对专业领域的深刻理解；

(2) 拥有对本专业领域先进科学的认识和深刻的理解；

(3) 拥有国际交流能力；

(4) 拥有对现象精确捕捉的观察力和分析力；

(5) 拥有通过研究生论文研究获得的课题发现力和研究推进力；

(6)拥有能够担任需要高水平专业知识的职业的能力。

3. 北海道大学的资助制度

北海道大学对缴纳学费有困难的学生有学费全额免除和半额免除的制度,满足以下任意条件都能进行申请:

(1)有经济上的理由,缴纳学费困难并且被认定为学业优秀。

(2)入学前一年以内,学费负担者死亡,或者学生本人或学费负担者遭受自然灾害,缴纳学费十分困难。

除此之外,北海道大学也有丰富的奖学金,例如日本学生支援机构奖学金,民间团体奖学金和地方自治体奖学金。其中,日本学生支援机构奖学金采用大学推荐形式申请,其他类型的奖学金可以经由学校申请,也可以自行申请。奖学金分为有返还义务的"贷予"型和无返还义务的"给予"型。

4. 北海道大学的质量保障制度

北海道大学内部质量保障体系由与学术经营有关的组织机构组成,如图 2-7所示。

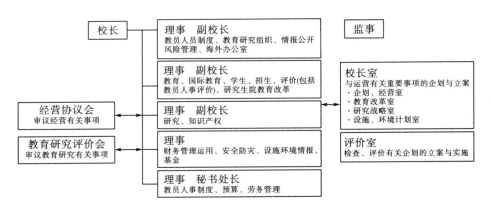

图 2-7 北海道大学运营组织图

资料来源:運営組織図[EB/OL].[2018-03-01].https://www.hokudai.ac.jp/introduction/gov/sosikizu.html。

按照文部科学省的要求,北海道大学也会进行相应的自我检查与评价,近年来也公开了每一期中期计划业务实绩报告书和每年度的自我检查报告书。其中北海道大学独有的是对自己国际化战略的自我检查。"Hokkaido Universal Campus Initiative"(HUCI)是北海道大学为了提高国际竞争力,于 2014 年提出,预计实施到 2026 年的大学改革计划。2009 年和 2016 年北海道大学都向国际大学协会(IAU)

提出了关于国际化战略实施情况的自我检查报告,并在 2016 年获得国际大学协会颁发的 Learning Badge 证书,国际化改革的成果被认可。

2.4　大洋洲高校卓越农林人才培养的考察

2.4.1　梅西大学的农林人才培养

梅西大学成立于 1927 年,是新西兰最大的一所教育和研究学府,也是新西兰唯一一所真正的全国性大学。英国著名的高等教育研究机构 QS(Quacquarelli Symonds)在研究、教学、创新以及国际化等方面给予梅西大学五星级的评级。其下属的 5 所学院设有 56 个科系,拥有 18 所尖端的教育和研究机构,以全国最大、最成功的农业及园艺业的教学和研究机构而著称。

1. 梅西大学的招生制度

1)入学要求

申请研究生课程,需要准备以下基本申请材料:

(1)本科毕业,要求有学位证及毕业证,本科相关专业,均分需在 80 分以上。

(2)成绩(中英文件或者中英文公证书)。

(3)英语能力证明。雅思 6.5 分,单项不低于 6 分;或托福 90 分,写作不低于 21 分。

(4)个人简历,其中包括相关专业的目的陈述。

(5)相关专业教授或院长推荐信。

2)招生规模

梅西大学提供广泛的学术组合,旨在满足全球研究需求并为后代铺平道路,表 2-21 的数据来自梅西大学官网 2017 年的招生信息。

表 2-21　2017 年梅西大学的招生信息

申请总人数	录取人数	录取率	在校学生数	国际学生数	教职工数
12941	3612	27%	17263	4801	1275

从表中可以看出,梅西大学对于研究生的录取率为 27%,处于中等录取率。同时梅西大学也考虑到了国际学生的招收,其国际学生占学生总人数的 28%。梅

西大学的招生制度有以下几个特点：一是招生面广。在保证录取率稳定的前提下，同时对国际学生进行招收。二是申请流程严格规范。所有的申请流程均在学校官网上进行操作，特别是其中对于相关专业教授和院长的推荐信也同时需要电子版本，并由推荐人进行提交。

2. 梅西大学的培养制度

作为新西兰科研成果最多、把科研学术成果转化为生产力最多的大学之一，梅西大学针对研究生的培养目标和特点如下。

1) 加强基础课教学，强化复合型人才的培养

要了解国际前沿的新进展，必须了解科学发展的历史进程，在继承中发展。只有深刻地了解过去、了解学科的根源，才能使学生更加主动地掌握未来学术的研究方向，从而拓宽其研究视野。基于此，梅西大学格外注重加强基础课教学，帮助学生打下牢固的根基。只有打下了牢固的基础，才能让学生自如地在不同领域发展，增强学生的应变能力。

2) 加强创新思维的培养

不论是进行基础性研究，还是从事应用开发，都要不仅善于学习知识、更新知识，还要善于在已有的基础上进行创新，努力做到出类拔萃，这样才能在激烈的竞争中立于不败之地。梅西大学格外注重对学生创新意识的培养。要帮助学生增强好奇心，磨炼意志力，树立敢于"冒险"、向权威挑战的大无畏精神。在教学和实验中注意发现学生的创造性思维，加以鼓励，使之成为创造性活动。

梅西大学作为最成功的农业及园艺业的教学和研究机构之一，以培养具有创新精神的人才为目标。不断强调学科基础、系统深入的专业知识的重要性，也不忘挖掘研究生的创新性，从不同方面培养学生。

3. 梅西大学的资助制度

1) 资助规模

梅西大学不仅可以从政府部门获得资助，还接受各种私人机构的投资。每年大约有 71%的学生可以获得学校提供的各种奖学金和资助，其资助覆盖范围广，资助种类多，且拥有供不同背景学生选择的各种资助类型，从而形成了一个健全的资助体系。

2) 资助类型

梅西大学为研究生提供了如下不同类型的资助，可供研究生申请：

（1）奖学金。

梅西奖学金（Massey Scholarship）。该奖学金颁发给在各学院完成其首个硕士学位学习的前 5% 的学生，获奖的毕业生将被授予"梅西学者"的称号。

梅西大学博士奖学金（Massey University Doctoral Scholarship）。该奖学金是针对已在或者有资格在梅西大学进行全日制博士学位学习的学生，一般要求学生每周工作 40～50 小时，GPA 在 7.0 分及以上或者研究生平均成绩为 A 及以上。

梅西大学移民奖学金。该奖学金是为了鼓励梅西大学的研究生进行研究。申请人必须注册或有资格全日制参加 120 个学分的研究课程，攻读梅西大学的硕士学位。

梅西大学为毛利学生提供的奖学金。为了鼓励梅西大学的研究生研究，提供毛利学生奖学金。申请人必须为攻读全日制硕士学位的学生，并承诺在学期间修满 120 个课程学分。

（2）艰苦奖学金（Hardship Scholarship）。

表 2-22　梅西大学艰苦奖学金

贝利遗赠奖学金	旨在支持在第一学期研究生课程学习过程中遭受困难或意外的财务状况困难的学生
布顿遗赠奖学金	用于帮助在就读本科的第一年就出现困难的财务状况，并且学习情况优秀的全日制学生
大卫莱文基金会助学金	为在梅西大学学习商科类专业但由于经济困难无法继续学习的全日制学生提供资助
残疾学生援助金	旨在帮助在梅西大学就读但由于残疾使得学业进展受阻的残疾学生
迈克·尼尔外部基金	用于协助任何需要经济援助的校外学生（但最好是来自太平洋岛民的子女）继续在梅西大学学习
J. McLennan 助学金	为已成功完成至少 105 学分，并将继续在梅西大学攻读第一学位的学生提供经济援助
梅西大学夏令营艰苦奖学金	为本科或研究生提供第三学期的资助（申请者需在申请当年第二学期结束时成功完成至少 120 学分）
梅西大学博士班奖学金	用于博士生在研究过程中突发财务困难或其他困难时申请
彼得科莱特校外奖学金	为校外学生提供帮助（申请者需在梅西大学已成功完成至少 30 学分）

（3）旅游奖学金（Travel awards）。

表 2-23　梅西大学旅游奖学金

Alex C P Chu 贸易培训奖学金

克劳德麦卡锡奖学金

交换学生旅行津贴

旅行和住宿援助基金

新西兰援助计划奖学金

梅西大学出国留学奖学金

梅西大学精英体育世界旅游奖

（4）体育奖学金（Sport Scholarship）。

表 2-24　梅西大学体育奖学金

梅西大学精英体育世界旅游奖

梅西大学体育学院奖学金

梅西大学精英体育助学金

总理的运动员奖学金

旅行和住宿援助基金

3）资助制度的特点

梅西大学的资助制度有以下特点：一是资助范围广，不论成绩靠前的学生还是相对于靠后的学生，都有机会获得一定数额的不同奖学金。二是资助类型多。针对不同学生的不同背景，以及所参加的项目活动不同，梅西大学推出了各种不同类型的奖学金，在增加学生参加各种活动兴趣的同时，保证学生能够正常进行学习工作。

4.梅西大学的质量保障制度

1）梅西大学质量保障制度介绍

梅西大学的质量保障实行的是行政首长负责制。参与新西兰教育质量保障的机构有教育督察室（Education Review Office）、新西兰学历资格评审局（New Zealand Qualification Authority，NZQA）和大学校长委员会（New Zealand Vice Chancellors' Committee，NZVCC），他们全都是由教育部长（Minister of Education）负责。其中新西兰学历资格评审局和大学校长委员会还需要接受教育部的指导。

新西兰大学的教育质量保障由新西兰大学校长委员会负责，高等教育质量保障的核心机构是新西兰学历资格评审局。其中新西兰学历资格评审局采取合作的手段进行质量保障，这种合作依靠三个办法：①对梅西大学活动的实时监控。AAA（审核署）通过与 NZQA 的其他部门（包括高等教育记录部、高等教育评价与修正部）、工业培训组织等的联系来对梅西大学的质量进行实时监控。每位质量审核员审核一组基于地域或类型的教育举办者。②自我评价。梅西大学必须对自己的教育或培训的质量负责，必须定期进行内部评估或评价。内部评估确保梅西大学能够按照可操作标准对自己的成效进行自我评价。自我评价确保教育举办者能够认清需要提高的领域和开发改进行动计划。AAA（审核署）为教育举办者提供在质量审核之前，按照 NZQA 的要求进行自我评价的《自我评价工作手册》。③质量审核。为了证明梅西大学的学生培养整体业绩，需进行质量审核，并且每一次审核都需要对梅西大学进行实地访问观察学校具体发展情况。

2) 梅西大学质量保障制度的特点

一是教育行政部门退出教育质量保障的具体工作。在教育质量保证方面，教育行政部门由过去的主要通过行政指令监督的方式转变为通过督导服务的方式发挥其功能，从侧面统筹、指导梅西大学的各项质量保障活动。其服务方式主要是通过规范教育质量保障的范围和各类权限行为，使教育质量保障迈入合理发展的路径。二是注重学历资格证书的质量控制管理。新西兰学历资格评审局（NZQA）通过标准制定；审定和批准课程设置；审查和监督梅西大学教学条件、师资水平、教学设施等是否达到要求；对教学活动和认证活动进行督导；对有关机构进行注册来进行质量保证。三是树立多元化教育质量观并且建立多层次教育质量标准。全国教育成绩证书（National certificate of Educational Achievement，NCEA）考试和新西兰学历资格评审局对梅西大学教育质量的监督，充分体现了新西兰用多层次的标准来评价高校的办学水平。

2.4.2　昆士兰大学的农林人才培养

昆士兰大学，是昆士兰州的第一所综合型大学，也是澳大利亚最大、最富声望的大学之一，同时还是六所砂岩学府（Sandstone Universities）之一，也是澳大利亚常春藤名校联盟"八大名校"之一。昆士兰大学在 2017~2018 年 QS 大学排名中位居世界第 47 位，US NEWS 排名世界第 45 位，2017Times 排名世界第 65 位。其中，QS2017 农林专业排名中，昆士兰大学的农林专业排名全世界第 19 名。

1. 昆士兰大学的招生制度

1) 招生要求

研究生课程学习的入学要求很灵活，因课程而异。有些课程不需要任何以前的学习经历，而其他课程可能需要 4 年或以上的荣誉学位。所有申请人都必须符合入读其首选项目的相关入学要求。

(1) 申请者必须已经获得学士学位；

(2) 申请者需提供每个大学阶段的学院的学习成绩记录，并扫描上传成绩单；

(3) 针对主要语言不是英语的申请者，要求提供雅思或托福成绩，成绩必须达到优秀；

(4) 需要相关专业推荐信才能完成入学申请；

(5) 申请人同时提交目的声明和个人历史和多样性声明，要求申请者突出其学术准备和动机、兴趣、专业和职业目标，以及对于研究生学习的热情。

2) 招生规模

根据昆士兰大学官网上最新数据整理，近年来昆士兰大学录取情况如图 2-8 所示。

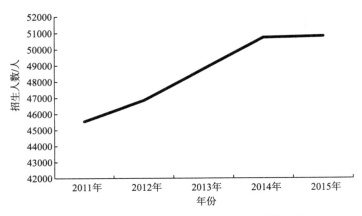

图 2-8　昆士兰大学 2011～2015 年招生规模变化

从图中可以看出，从 2011 年到 2015 年，昆士兰大学的招生规模在不断扩大，目前招生规模趋于稳定。昆士兰大学的招生流程非常严格，针对昆士兰大学的申请者，学校不仅要求申请者提供目的陈述，根据昆士兰大学对于研究生的培养要求，学校还要求申请者提供个人历史和多样性声明，以便学校研究生学院更准确地筛选出适合学校培养的人才。

2. 昆士兰大学的培养制度

作为连续多年被《亚洲周刊》评为亚太地区最好的大学之一的昆士兰大学，其对于研究生的培养制度具有很高的借鉴性。

1) 培养目标

昆士兰大学对于其研究生的定位为学生不仅能够取得成功，而且还能在未来发挥领导力。其目标是让学生具备创造更美好世界的知识基础与领导力；其短期培养目标是通过创造、保存、转移和应用知识来追求卓越，从而对社会产生积极影响。通过汇集和培养专业领域的领导者，来激励下一代并推进有利于世界共同发展的理念，从而塑造未来，致力于帮助学生、员工和校友的个人及专业成功；其长期培养目标是将学生转化为制定规则的毕业生，能为社会做出杰出贡献，通过创造新的知识和合作创新，为迎接全球挑战提供重要的解决方案，同时建立体现昆士兰大学的文化体系，并利用合作伙伴关系来连接和创造多元化社区。

2) 培养方案特色

针对学术方面，昆士兰大学在教师素质、教育质量方面享有盛誉，昆士兰大学将借助此项优势确保学生在工作岗位竞争时具有核心优势。昆士兰大学将通过丰富的国际研究课程来培育未来的领导者，通过不断改善学生的学习环境和引入先进科研与教学成果的方式，带领学生适应快速变化的学习环境带来的挑战、探索国际化进程。针对研究方面，昆士兰大学将致力于吸引和培养最优秀的研究人员和研究高等学位(RHD)候选人，以提高本校的研究业绩，并开展具有国际竞争力的研究；通过强调与公共和私人组织的高质量，跨学科全球合作，在能源、可持续发展、水资源、公共健康、粮食安全和社会公平等重要领域建立享誉全球的领先地位。通过昆士兰大学的研究，能更好地面对国家、全球发展中遭遇的文化、经济和社会挑战；继续吸引和留住世界级研究人才，加大对包括非政府资金来源的研究经费的竞争。

从培养目标上，昆士兰大学主要着重于培养能解决未来世界关注性、挑战性强的全球性领导人才；从培养方案上，昆士兰大学注重以学生为中心，在为其提供更好的教育环境的同时，不断引导学生关注未来世界挑战，从而培养未来领导者。

3. 昆士兰大学的资助制度

1) 资助规模

昆士兰大学为所有同学提供公平的申请机会，无论家庭背景如何，学校都会致力于本土学生和留学生申请者们潜能的发掘,这是昆士兰大学多年不断创立多元化奖学金并以此来资助学生们完成学业的初衷。昆士兰大学奖学金来自全球各地的昆士兰大学的合作伙伴、外部机构以及相关企业的大力支持。奖学金主要用于资助在学术领域有卓越贡献的学生,用于资助该类型的申请者们去进行和完成自己领域的研究项目,提供对学生财政方面的大力支持。奖学金也会提供给精英运动员们和海外留学生,缓解他们因读书而产生的财务负担。总之,昆士兰大学提供给学生的多种多样的奖学金可以为学生减轻读书压力。

2) 资助类型

昆士兰大学为研究生提供了如下不同类型的资助模式,可供研究生申请:

(1) 普通奖学金:学校提供 83 种普通奖学金,此类奖学金主要资助对象是学术成绩优异或者有一定学术贡献的申请者。

(2) 生活津贴奖学金:学校提供 4 种生活津贴奖学金,主要用于资助生活困难的申请者。

(3) 旅游奖学金:提供 3 种旅游奖学金,主要用于学术研讨等需外出的活动中的交通、住宿费等等。

(4) 其他奖学金:主要包括来自一些私人团体、机构的捐赠。

从资助规模上,昆士兰大学充分考虑到了不同需求的学生,资助规模一直比较大;从资助类型上,对于一般奖学金,昆士兰大学提供了非常多种类的奖学金类型,以防止仅有一小部分学生可以获得奖学金的情况发生,同时,根据学术需求以及申请者背景的不同,还衍生出来一些其他类型的奖学金。

4. 昆士兰大学的质量保障制度

昆士兰大学的教育质量保证体系包括内部质量保障、外部质量保障、质量保障机构三个方面,三者密切关联并作为整体实施。

昆士兰大学制定有专门的教育质量保障政策,并通过完善的组织结构和执行程序保障该政策的顺利实施,确保质量保障程序公平透明。昆士兰大学根据相关指导原则和预期培养结果设置教学目标和课程,并明确培养要求;确保课程设置以学生为中心,并能够对教学和学习结果进行评估;确保质量保障涵盖学生入学、学习过程、学习结果的识别与认证等全部学习周期;为教学和学习提供充足的资金,确保学生获得丰富的学习资源和便利的支持;收集、分析、应用相关信息,为课程教学及其他相关活动的有效管理提供基础;公开课程等相关活动信息,确保清晰、准确、客观、易得;定期监测和检查教学活动,满足学生和社会的需要,持续改善教学活动。

外部质量保障程序包括自我评估报告、正式的外部评估活动、评估报告、改进反馈报告,确保外部评价可靠、持续有效和对外公开。外部质量保障活动由学生、同行、专家等组成的专家组进行，专家报告会定期公开发布。国家设置有专门的外部质量保障的投诉和申诉程序，确保昆士兰大学与评价机构的良好沟通与反馈。外部质量保障机构定期公布其目标和任务，确保利益相关者的参与；这些机构拥有充足的人力和财力资源，确保工作顺利开展；不仅如此，这些机构具有独立性和自主性，机构运行及其结果不受第三方制约。确保了质量保障活动的整体性和实效性。

2.4.3　澳大利亚国立大学的农林人才培养

澳大利亚国立大学(The Australian National University)是一所世界顶尖的全球 20 强大学，澳大利亚第一所研究型大学。根据 2016 年度 QS 世界大学排名，澳大利亚国立大学位列世界第 19 位，澳大利亚第 1 位。2016 年度 QS 世界学科排名中 4 门学科位列世界前 10 位，15 门学科位列世界前 25 位，其中 15 门学科位居澳大利亚第 1 位，数量居澳大利亚首位。2015 年度 QS 世界大学专业排名中，澳大利亚国立大学的农业与林业(Agriculture and Forestry)排名全世界第 7 位。

1. 澳大利亚国立大学的招生制度

1)申请条件

研究生学习的目的是加深知识、扩大技能，并在相关领域取得成功。澳大利亚国立大学为研究生提供广泛灵活、高度相关的研究生课程计划，其中一些课程计划可能涉及国家大型项目。以下为澳大利亚国立大学研究生的部分申请条件：

(1)拥有国籍所在地教育部认可的大学本科学历。

(2)提供英语语言成绩，其中雅思不低于 6.5 分，单项不低于 6 分；或者托福网考不低于 80 分，其中写作与阅读不低于 20 分，口语与听力不低于 18 分；或者培生英语学术考试不低于 64 分，单项不低于 55 分；有些专业要求更高。

(3)本科成绩单证明(英语版)。

2)招生规模

根据澳大利亚国立大学官网上数据整理，2012～2016 年澳大利亚国立大学的录取情况如表 2-25 所示。

澳大利亚国立大学招生流程非常简洁，对于研究生的申请实行的是网申，申请者仅需提供相应资料并完成网申表格，便可完成申请，耗时较短。澳大利亚国立大学的研究生招生不仅仅局限于本地人，招收的外国留学研究生占比超过了 40%，从而保证了生源的多样性。

表 2-25　2012～2016 年澳大利亚国立大学的录取情况

类别	2012	2013	2014	2015	2016
招生总人数	14853	15523	16503	16356	16287
研究生人数	6616	7290	8324	7727	7024
当地学生占比	62%	77%	93%	85%	86%
研究生占比	44.5%	46.9%	50.4%	47.3%	43.1%

2. 澳大利亚国立大学的培养制度

1) 培养目标

澳大利亚国立大学由澳大利亚政府支持，通过其研究、教育的成就，为澳大利亚发展和社会转型做出贡献。它是位于澳大利亚首都的世界一流大学，其重点是将研究作为一种促进教育、提升教育水平的有效方法，确保毕业生对世界的理解能力，并将个人愿景和创造力应用于解决复杂的当代挑战。对于其农林专业的研究生，学校的培养目标为：

(1) 带领学生追求卓越的研究目标，并确保研究领域和质量都是国际性的，能始终与世界上最好的研究结果相媲美。

(2) 提供优质的本科生和研究生教育，培养优秀的学生队伍，提供优质的教学，追求卓越的学生体验以及卓越的教学成果。

(3) 带领学生以研究和教育为手段为社会转型做出卓越贡献，根据国家需求所确定的新兴领域，提供研究和教育，使澳大利亚能够应对未来的挑战。

2) 培养方案特色

澳大利亚国立大学的培养方案特色表现为以下两点。

一是建立卓越的学术文化基础。学校吸引了大量来自政府、企业、基金会和慈善家等各种来源的外部资金，有能力重新调整资金配置，来提高研究的先进性，并且在承诺取得巨大成果的情况下支持新的研究工作。在研究中打破了大学、社会和行业之间的障碍，鼓励研究创造出有助于经济和公共利益的创新成果。改进相应的教学、辅导以及学生体验的质量和范围，努力为社会输送杰出的毕业生，使其成为相关行业的建设者和佼佼者。

二是建立合作与参与的文化。鼓励各学科之间的合作，研究并解决世界面临的最紧迫挑战，要求学生要善于在大学单位进行工作和交流，更加积极地参与商业和工业活动。学校有各种政策鼓励吸引更多的创业专业人员，鼓励和奖励研发与创业活动。

澳大利亚国立大学对农林卓越人才的培养理念体现在研究生培养的各个环节

中，从培养目标来看，对于研究生的要求不仅仅局限于解决生活问题，更是要求其从事的事业要面向整个社会，将其所学知识运用于解决复杂的当代挑战；从培养方案来看，澳大利亚国立大学注重从研究根基出发，着重建设大学学术文化基础和校园环境，并尝试将大学与社会进行接轨。

3. 澳大利亚国立大学的资助政策

澳大利亚国立大学有一系列针对学生学习情况以及家庭背景的奖学金，以满足大部分学生的正常学习生活。基本奖学金由学校内部提供，每年学生可以根据自己的情况申请学校的基本奖学金，类型接近 100 种，保证了不同需求的学生可以得到相应的资助，确保了学生可以进行正常的学习生活。同时，除澳大利亚国立大学提供的奖学金之外，还有澳大利亚和海外政府以及其他行业合作伙伴和附属机构提供的资金支持机会，符合条件的学生也可以利用这些机会获得奖学金。这些奖学金可分为以下几类。

1）针对国际学生的奖学金

表 2-26　澳大利亚国立大学针对国际学生资金资助

加拿大学生贷款
澳大利亚 Department of Finance and Administration（DFAT，财政管理部门）奖学金
外部国际 Higher Degree Research（HDR，研究性学位）赞助机会
美国财政援助

2）针对国内学生的奖学金

表 2-27　澳大利亚国立大学针对国内学生资金资助

FEE-HELP（学费援助计划）
Higher Education Contribution Scheme Help（HECS-HELP，高等教育贷款援助计划）
Oversea Help（OS-HELP，海外学生援助计划）
Undergraduate Athletes Schemes Equity（UASE，本科运动员特长生平等教育计划）奖学金
毕业生英联邦支持奖学金
本科联邦支持奖学金

3）针对所有学生的奖学金

针对所有学生的奖学金主要为 SA-HELP 奖学金，从资助规模上，不仅学校内部会资助一部分学生，还有外部组织和澳大利亚政府为其提供许多奖学金，资助规模大。从资助类型看，奖学金类型多种多样，供不同背景的学生进行选择，为学生在校学习研究提供了生活保障。

4. 澳大利亚国立大学的质量保障制度

理事会是澳大利亚国立大学(ANU)的主要权力机构，理事会必须符合学校治理最佳实践自愿准则的规定，负责保障教育质量。根据 1991 年澳大利亚国立大学法案第 9 条，权力授予理事会控制和管理整个大学。除了该法令规定的事项不能被授权之外，还将大学的管理控制权下放给副校长。理事会的责任可以概要描述如下：①战略监督，包括批准大学的使命和战略方向，确保愿景和目标转化为有效的管理体系，监督战略计划的实施。②确保有效的整体管理，包括任命副校长并监督其表现，监督和审查整体管理绩效，监测大学的学术活动和表现。③确保稳健的财务和风险管理，包括批准年度预算、批准和监督控制和问责制度、批准和监督风险的评估和管理，确保大学符合法律要求。

澳大利亚国立大学的质量监督体制不仅仅限于学校理事会，还有政府部门、市场与院校自治这三种力量共同发挥其作用。政府主要通过制定有关质量保障的法律政策以及对认证组织的监督来实现其价值需求；院校自治主要体现在院校可以负责其内部质量保障，可以自主选择外部民间评估机构；市场的作用主要是促进评估市场的形成，原来外部评估机构的垄断地位被打破，评估机构之间存在竞争。

2.5　本　章　小　结

各国高校的农林人才培养模式虽有各自特色，但其中又有非常多的共同点与相似处。

(1)招生制度方面，各国高校对申请人的资格审查都较为严格，申请人应满足的最基本条件是已获得该校认可学士学位。在申请过程中，各校均要求提供本科学习成绩证明及个人简历与研究生目标，英语国家的高校还要求提供英语成绩证明(托福、雅思、培生等，个别高校需要提供 GRE 成绩)。大部分院校比较看重申请人在相关专业领域的推荐人，但京都大学、北海道大学和澳大利亚国立大学对推荐信无要求。各高校的招生流程可大致概括为：提交资料→审核材料→二次评估→满足要求→录取，严格的招生考核制度在很大程度上保障了高校生源质量；且每所学校的招生规模也在逐年扩大；招生范围也愈加广泛，注重对跨学科学生以及国际学生的招收。

(2)人才培养制度方面，各国高校具有较大的一致性。在提升学生专业知识的同时，同步发展其他能力，致力于培养多方面、跨领域的人才；旨在为社会提供具备社会责任心、解决专业领域实际问题能力、创新能力、教学科研能力和沟通交流能力的领导型或实践型人才。围绕此目标，各高校开设了多样且丰富的研究生课程，注重导师与学生的指导交流，注重学生个人发展规划，同时设立完备的实验体系，加强与社会之间的联系，并制定全面严格的评价考核制度，通过制度设计保障培养目标的落实。

（3）奖助制度方面，各国高校的资助和奖励方式包括奖学金、助学金、贷款等，奖助制度覆盖范围广，高校奖学金资助类型多，以尽力确保每个有需求的学生能获得相应保障，同时高校内部也提供学生兼职工作。个别院校也针对留学生设置了专门的资助保障制度，各国高校的奖助资金来源具有多样性的特点，这种多样性又在一定程度上加强了学校与社会的关系。这些资助制度不仅可以为在读学生提供生活保障，更是对其学术能力的促进和激励。

（4）高校的质量保障制度主要来自内部质量保障和外部质量保障两方面。学校内部通过设立各具特色的教学质量评估考核体系及监督体系对教学质量进行严格把关，个别高校采用企业式治理模式，各层级分工协作，在生源把控、教学质量、实践检验、学位要求等各个方面进行质量保证。外部的质量保障则主要来自该地区政府机构、学界组织和社会组织机构等，通过政府力量、学界学术监督、社会组织媒体等多种渠道对学校的教学质量进行监督管理，促进高校在研究生培养的各个时期时刻保持高度关注。内外质量保障相辅相成，缺一不可，共同保障了研究生的人才质量。

第3章 中国卓越农林人才培养的现状与评价
——基于12所综合农业大学的考察

3.1 中国高等农业教育现状的分析

3.1.1 农林专业类的学科发展概况

1) 学科整体发展情况

我国的农林类综合院校多是以传统的农林类专业为基础,本章主要对大型农林类综合院校的农林专业类学科评估结果进行总结概括,重点选取了第三轮农林类学科的相关学位评估结果作为参考,并结合11所排名相对靠前的农林类综合院校和浙江大学进行了具体研究。

根据艾瑞深2017年农林类院校最新排名,本书共选取了12所大学作为研究样本,它们分别是中国农业大学、西北农林科技大学、南京农业大学、华南农业大学、北京林业大学、东北林业大学、四川农业大学、东北农业大学、浙江大学、山东农业大学、福建农林大学和华中农业大学,其中综合性大学浙江大学因农林类专业突出被选入研究样本中。在以上大学中,有3所高校入选了双一流大学名单,分别是中国农业大学、西北农林科技大学、浙江大学。有6所高校入选了一流学科建设平台名单,分别为南京农业大学、北京林业大学、华中农业大学、四川农业大学、东北林业大学、东北农业大学。不在以上两类标准的样本高校有3所,分别为华南农业大学、福建农业大学和山东农业大学。

第四轮学科评估从2016年开始,采用"客观评价与主观评价相结合"的方式进行。评估结果不再采用绝对分数方式呈现,而是按不同高校的"学科整体水平得分"的位次百分位,将同一学科得分前70%分9档公布:前2%(或前2名)评分为A+,2%~5%评分为A(不含2%,下同),5%~10%评分为A-,10%~20%评分为B+,20%~30%评分为B,30%~40%评分为B-,40%~50%评分为C+,50%~60%评分为C,60%~70%评分为C-。评估结果于2017年12月28日在教育部官网正式公示,综合最近两轮学位评估的结果,农林类学科的发展表现出几个新的特点。

第一，大批非农院校参与了农林类学科的竞争。结合表 3-1 的结果来分析，我国的农林类院校共有 39 所，但是针对食品科学与工程这一个学科，共有 51 所高校参评，食品科学与工程这个学科对学校本身的农林类的要求不高。参评高校中，浙江大学参与度比较高，且农林类学科发展水平已经达到了上层的水平(刘志民，2009)，可以反映出非农院校对于农林类学科的建设意愿较强。

第二，传统的农林类专业与其他学科结合的趋势得到进一步的增强。除去有多数非农院校参评的食品科学工程学科外，其他学科的平均参评高校数为 22 所。跨学科的农林经济管理、农业工程这两个学科，在第三轮的学位评估中，参评高校数也都超过了 22 所，相比参评数少的水产和林学这种传统农林学科，高校对跨学科的参与意愿比较强。

表 3-1　　2012 年 12 所农林类强校的学位评估排名情况

学科名称	ZN	BL	DL	HZ	NN	XN	SN	HN	DN	FN	ZD	SD	参评高校
作物学	1			3	2	6	4	6	8	8	5	6	35
园艺学	3			1	4	5		8	8	10		6	22
农业资源环境	1			4	1	3					2	7	17
植物保护	1			5	3	3		4		4	2	6	22
畜牧学	1			2	6	5	4	8	6		3		26
兽医学	1			2	3	6	5	5					23
林学		1	2			3	5			5		5	22
水产				3	4								12
草学	2				7	5	5	7	6				20
农林经济管理	4	7	9	3	5	6		4	8	10	1	11	29
林业工程		3	1							6			10
农业工程	1			8	5	3		4	5		2	8	25
食品科学工程	2			8	5	8		8	7	10	6		51

代码说明：ZN-中国农业大学；BL-北京林业大学；DL-东北林业大学；HZ-华中农业大学；NN-南京农业大学；XN-西北农林科技大学；SN-四川农业大学；HN-华南农业大学；DN-东北农业大学；FN-福建农林大学；ZD-浙江大学；SD-山东农业大学。

资料来源：中国学位与研究生教育信息网(教育部学位与研究生教育发展研究中心)。

表 3-2　　2012 年 12 所高校农林类专业评分情况

学科名称	ZN	BL	ZD	DL	HZ	XN	NN	SN	HN	DN	SD	FN
作物学	91		79		85	77	88	81	77	74	77	74
畜牧学	95		84		85	80	78	81	74	78		
兽医学	88				86	77		75	79	79	72	
林学		96		84		82		71			71	71

续表

学科名称	ZN	BL	ZD	DL	HZ	XN	NN	SN	HN	DN	SD	FN
水产					77		72					
农业工程	96		85		70	83	70		79	75	70	64
林业工程		84		92								68
食品科学工程	86		78		76	76	79		76	77		72
园艺学	85		88		90	81	82		73	73	78	70
农业资源环境	90		87		81	83	90				70	
植物保护	92		90		78	84	84		80		73	80
草学	82					76	70	76	70	71		
农林经济管理	83	77	89	73	86	80	82		83	79	69	71
平均数	89	86	85	83	81	80	80	77	77	76	73	71

代码说明：ZN-中国农业大学；BL-北京林业大学；DL-东北林业大学；HZ-华中农业大学；NN-南京农业大学；XN-西北农林科技大学；SN-四川农业大学；HN-华南农业大学；DN-东北农业大学；FN-福建农林大学；SD-山东农业大学；ZD-浙江大学。

资料来源：中国学位与研究生教育信息网(教育部学位与研究生教育发展研究中心)

　　第三，农林类学科的发展出现了明显的分层现象。综合表 3-2 的数据分析，可以明显看到 12 所大学分成了四个层次。第一层是学科优势进一步巩固的传统综合类农林强校，如中国农业大学和华中农业大学，这两所学校的农林类学科综合评分都超过了 80 分，农林类学科种类齐全，且发展水平位于全国高校前列。第二层是综合性较强但发展水平处于中等的农林类院校，例如南京农业大学、西北农林科技大学、华南农业大学和东北农业大学。这些学校的农林类学科的种类数和第一层学校相当，但学科发展水平明显弱于第一层，从平均分上来看，处于 77 分到 80 分不等。第三层是农林学科种类少而精的学校，例如东北林业大学和北京林业大学，这两所大学以林学为学科特色，在学位评估结果中两所学校的林学相关专业的发展水平均属于全国的前列，平均分均明显地超过了 80 分。第四层就是其他没有明显优势的综合类农林院校，例如四川农业大学、山东农业大学、福建农林科技大学等，农林类学科种类较少且发展水平不高。

　　第四，非农院校对农林类学科的建设热情高涨，部分学校的农林类学科发展已处于全国领先水平。在本书的统计口径里，浙江大学有 8 个农林类学科参与学位评估，且都处于 A 档，园艺学和农林经济管理两个学科已经超过传统的农林类一流强校——中国农业大学，这说明非农院校的农林类学科发展速度和质量都让人惊叹。从各农林类学科的参评高校来看，两轮学位评估间隔只为 4 年，但农林类学科参评高校有了明显的增加。第三轮评估 14 个农林类相关学科的平均参评高校为 24 所，而第四轮的平均参评高校达到 37 所，相较于前一轮学科评估，增加了 13 所。

　　第五，农林类综合院校实力对比整体保持稳定，少数学校的学科实力有显著提升。南京农业大学的农林类学科实力明显增强。在第三轮评估结果中，南京农业大学的农林类学科只有农业资源与环境和作物学处于前 2%的水平，而在第四轮结果中，有四门学科均进入了前 2%的水平，且其他农林类学科实力也有明显进步。西北农林科技大学的农林类学科实力也上了一个台阶，在第三轮学位评估中，西北农林科技大学平均排名约为第 5 名，约为参评学校的前 40%，在第四轮学位评估中，该校有一个学科达到了前 10%，剩下的所有参评学科排名都在前 20%。

表 3-3　12 所高校第四轮学位评估结果

学科名称	ZN	BL	DL	HZ	NN	XN	SN	HN	DN	FN	ZD	SD	参评数
作物学	A+			A-	A+	B+	B+	B		C+	A-	B+	42
园艺学	B+			A+	A-	B+	C+	B	C+	B-	A+	B+	36
农业资源与环境	A-			B+	A+	B+	B	B	C+	A+	B-		34
植物保护	A-			B+	A+	B	C	B	C	B+	A+	B	35
畜牧学	A+			A+	B+	B+	A-	B+	B	C	A-	B	44
兽医学	A+			A+	B+	B	B	A-	B+		B-		41
林学		A+	B+	C-		A-	B	C+		B+	B-		30
水产				B+	B-								19
草学	A+	C+				C+	B				B-		26
农林经济管理	B+	B	B	A-	A+	B+	B+	B+	B	B-	A+		39
林业工程		B	A+							B-			13
农业工程	A+			B	B	B+		B+	B+		A+		37
食品科学与工程	A+			A-	A-	B+	C	B+	B+		A+		79

　　代码说明：ZN-中国农业大学；BL-北京林业大学；DL-东北林业大学；HZ-华中农业大学；NN-南京农业大学；XN-西北农林科技大学；SN-四川农业大学；HN-华南农业大学；DN-东北农业大学；FN-福建农林大学；SD-山东农业大学；ZD-浙江大学。

　　资料来源：中国学位与研究生教育信息网(教育部学位与研究生教育发展研究中心)

　2) 卓越农林人才培养计划

　　根据 2013 年《教育部、农业部、国家林业局关于推进高等农林教育综合改革的若干意见》要求，为提升高等农林教育水平，教育部、原农业部、原国家林业局共同组织实施了"卓越农林人才教育培养计划"。三部门共同审核并通过了计划实施方案，确定了第一批试点高校 99 所，试点项目 140 项，其中拔尖创新型农林人才试点项目 43 项，实用技能型农林人才试点项目 27 项，复合应用型农林人才试点项目 70 项。[①]

---

① 中华人民共和国教育部高等教育司(卓越农林培养计划)。

本书限于篇幅，筛选出入选第一批卓越农林人才培养计划项目的 12 所大学，如表 3-4。本书研究的 12 所学校均同时申请到了拔尖创新型项目和复合应用型项目。考虑第一批拔尖创新型项目全国只批准了 43 项，复合应用型项目全国只批准了 73 项，同时申请到两类项目的难度是比较大的。一方面验证了本书选取的 12 所大学的农林类专业优势的强势，这些学校涉及的专业基本覆盖了农林类专业，且每个学校侧重点不同，不存在严重的同质化现象。另一方面展示了高质量农林类学科的发展方向，或是通过农林教学与科研人才培养制度改革，推动本科生教育和研究生教育的有效衔接，着重培养农林人才的创新能力和科研能力；或是优化人才培养方案，利用生物、信息等专业的发展改造传统农林类专业，使卓越农林人才跨学科发展，掌握更多解决复杂问题的能力。

表 3-4　第一批卓越农林人才教育培养计划改革试点项目名单（经过筛选）

学校名称	项目类型	涉及专业
中国农业大学	拔尖创新型	农学、动物科学、农业机械化及其自动化、植物保护、农业建筑与能源工程
北京林业大学	拔尖创新型	园林、林学、水土保持与荒漠化防治、森林保护、园艺
南京农业大学	拔尖创新型	农学、植物保护、农业资源与环境、农林经济管理
东北农业大学	拔尖创新型	食品科学与工程、动物科学、动物医学、农林经济管理
东北林业大学	拔尖创新型	林学、野生动物与自然保护区管理、林产化工
华中农业大学	拔尖创新型	农林经济管理、园艺、动物科学、农学
华南农业大学	拔尖创新型	农学、植物保护、园艺、林学
四川农业大学	拔尖创新型	农学、动物科学、动物医学、林学
西北农林科技大学	拔尖创新型	植物保护、农林经济管理、动物科学、林学
福建农林大学	拔尖创新型	农学、植物保护、园艺、林学
浙江大学	拔尖创新型	农学、动物科学、农业资源与环境、农业工程
山东农业大学	拔尖创新型	农学、动物科学、园艺、植物保护
中国农业大学	复合应用型	动物医学、农业水利工程、农林经济管理、葡萄与葡萄酒工程、园艺
北京林业大学	复合应用型	林业工程类、农林经济管理、野生动物与自然保护区管理、食品科学与工程、草业科学
东北农业大学	复合应用型	农学、园艺、农业水利工程、农业机械化及其自动化
东北林业大学	复合应用型	森林保护、园林、森林工程、农林经济管理
南京农业大学	复合应用型	动物科学、动物医学、园艺、食品科学与工程
福建农林大学	复合应用型	动物医学、园林、木材科学与工程、蜂学
华南农业大学	复合应用型	动物科学、动物医学、食品科学与工程、农林经济管理
华中农业大学	复合应用型	园林、农业资源与环境、水产养殖学、植物保护
四川农业大学	复合应用型	农林经济管理、农业资源与环境、园艺、园林
西北农林科技大学	复合应用型	农学、设施农业科学与工程、农业机械化及其自动化、动物医学
浙江大学	复合应用型	园艺、植保、食品科学与工程、动物医学
山东农业大学	复合应用型	农业资源与环境、林学、农业机械化及其自动化、农林经济管理

资料来源：中华人民共和国教育部高等教育司（卓越农林人才培养计划）。

　　3) 12 所综合性大学的基本情况

　　中国农业大学是传统的高水平农林综合类院校，同时属于 211 工程和 985 工程院校，一直接受着大量的资金支持。从近三轮的学位评估结果来看，该校农林类专业门类丰富，且农林类专业的优势得到了进一步巩固，非农学科和农林类学科的跨学科发展取得了长足的发展。该校共设有农学与生物技术学院等 14 个学院，现有学科门类包括农学、工学、理学等 9 大学科门类，共有 19 个博士学位授权一级学科，37 个硕士学位授权一级学科，涵盖了 93 个博士学位授权点，169 个硕士学位授权点，10 个专业学位类型。学校拥有 6 个国家重点一级学科，6 个国家重点二级学科，1 个国家重点培育学科，10 个北京市重点学科。在第三轮一级学科水平评估中，有 6 个一级学科蝉联全国第一，排名第一的学科数量居全国高校第四位。在基本科学指标(ESI)中，中国农业大学的农业科学、植物学与动物科学、环境生态学、生物学与生物化学、化学、微生物学、工程学、分子生物学和遗传学 8 个领域的论文总引用量进入了世界前 1%，其中农业科学、植物与动物科学两个领域的论文总引用量排名均居我国高校首位。[①]

　　华中农业大学专注农科的学科优势，以生命科学为特色，注重农、理、工等多学科的协调发展，逐步形成了传统与新兴学科深度融合的发展格局。作为双一流学科的建设平台，该校有生物学、园艺学、作物学学科群、畜牧学、兽医学、农林经济管理六个农林类一流学科。在全国第四轮一级学科评估中，7 个学科进入 A 类学科，其中园艺学、畜牧学、兽医学 3 个学科为 A+，生物学为 A，食品科学与工程、作物学、农林经济管理 3 个学科为 A-。据美国信息科技所《基本科学指标》数据库(ESI)2017 年 9 月统计数据显示，该校共有 7 个学科进入 ESI 全球排名，植物学与动物学领域进入全球前 1‰行列，农业科学、化学、生物学与生物化学、分子生物学与遗传学、微生物学、环境科学/生态学 6 个学科进入全球前 1%。该校科研平台建设能力出色，拥有一批与农业相关的重点实验室和科研中心。有国家重点实验室 2 个，国家地方联合工程实验室 1 个，专业实验室 4 个，国家级研发中心 7 个，国际科技合作基地 6 个，部省级重点(工程)实验室 26 个，部省级研发中心 26 个，高等学校学科创新引智基地("111"计划)5 个，引进国外智力成果示范推广基地 1 个，校企共建实验室(研发中心)35 个，省级高校人文社科重点研究基地 4 个。[②]

　　浙江大学是一所特色鲜明、研究水平突出、国际上影响力较大的综合型、研究型大学，其学科涵盖哲学、经济学、农学等 12 个门类，学科建设水平出色。截至 2017 年 12 月，浙江大学共有 14 个一级学科国家重点学科、21 个二级学科国家重点学科和 10 个国家重点(培育)学科，7 个农业部重点学科，50 个浙江省一流

---

①　据中国农业大学的官方网站，见 http://www.cau.edu.cn/col/col10269/index.html。
②　据华中农业大学的官方网站，见 http://www.hzau.edu.cn/xxgk/xxjj.htm。

学科，形成了重点突出、层次分明、富有特色的重点学科系列。在国家公布的"双一流"建设名单中，该校入选了一流大学建设高校（A 类），18 个学科入选了一流建设学科，居全国高校第三。该校科研平台众多，目前拥有国家重点实验室 10 个，国家（地方联合）工程实验室 10 个，重点学科实验室 1 个，国家专业实验室 4 个以及省部级实验室 102 个；拥有国家工程技术研究中心 4 个，国家级协同创新中心 2 个以及省部级平台中心、基地 41 个；拥有普通高等学校人文社科重点研究基地 3 个。[①]

南京农业大学是"世界一流学科"建设高校，入选的一流学科为两个，分别为作物学、农业资源与环境，属于一流学科数相对较多的农林类院校。该校农林类学科交叉发展势头良好，拥有一大批农林相关的学科，且学科发展水平比较高。截至 2018 年 4 月，该校拥有一批建设水平较高的农林类学科，有作物学、兽医学、植物保护和农业资源利用 4 个国家重点一级学科，有蔬菜学、土地资源管理和农业经济管理 3 个国家重点二级学科，除此之外还拥有食品科学国家重点培育学科。该校有 8 个学科入选江苏省优势学科建设名单，农业科学、工程学、微生物学、植物与动物科学、生物与生物化学、环境生态学、分子生物与遗传学等 7 个学科领域进入 ESI 学科排名全球前 1%，其中农业科学、植物与动物学三个学科水平突出。[②]

西北农林科技大学历史底蕴深厚，办学历史可追溯到 1934 年的国立西北农林专科学校，目前为国家"世界一流大学"B 类建设高校，拥有农学 1 个一流学科，属于教育部直属的综合性重点大学。该校农林学科种类齐备，坚持产学研结合的办学特色，积极寻求国际合作，研究成果突出，学科发展良好。截至 2017 年 11 月，该校设有 25 个学院（系、所、部）和研究生院，共有 13 个博士后流动站，16 个博士学位授权一级学科，28 个硕士学位授权一级学科，66 个本科专业。该校拥有 7 个国家重点学科和 2 个国家重点（培育）学科，农业科学居 US.NEWS 学科排名全球第 18 位，进入 ESI 全球学科排名前 1‰。植物学与动物学、工程学、环境科学与生态学、化学、生物学与生物化学 6 个学科领域进入 ESI 全球学科排名前 1%。该校建有 2 个国家重点实验室，1 个国家工程实验室，3 个国家工程技术研究中心，3 个国家野外科学观测研究站，62 个省部重点实验室及工程技术研究中心。

华南农业大学坚持不同学科分类发展的思路，人文社科类增加学科特色，理工类学科重点发展优势学科，农林类学科不断进行创新。该校聚焦区域农业研究，以生命科学和农业科学为抓手，促进农林类学科和其他学科之间的融合发展，学科门类齐全。在最近两轮学位评估中（第二轮和第三轮），华南农业大学的农业工程分别以 77 分、79 分位列第五名和第四名，其农林经济管理学科分别以 86 分和

---

①　据浙江大学的官方网站，见 http://grs.zju.edu.cn/redir.php?catalog_id=10011。
②　据南京农业大学的官方网站，见 http://www.njau.edu.cn/139/list.htm。

83 分位列第四名。截至 2018 年 7 月，该校有 95 个本科专业，12 个博士学位授权一级学科，1 个博士专业学位类别，28 个硕士学位授权一级学科，12 个硕士专业学位类别，60 个博士学位授权点，119 个硕士学位授权点。该校有农业昆虫与害虫防治、作物遗传育种、农业经济管理、果树学和预防兽医学 5 个国家重点学科，农业机械化工程 1 个国家重点(培育)学科，5 个农业部重点学科，13 个广东省一级重点学科，4 个广东省二级重点学科和 2 个国家林业局重点学科。农业科学、植物学与动物学、化学 3 个学科进入 ESI 世界排名前 1%。学校的科研成果丰富，就 2016 年的数据来看，该校获省部级奖励 38 次，获授权专利数 234 件，获计算机软件著作权 123 件，SCI、SSCI、EI 收录论文数 1383 篇。①

　　东北农业大学突出农科优势，重点建设食品科学和生命科学两个特色学科，注重不同学科协调发展。该校入选了"世界一流学科"建设高校名单，拥有 1 个一流学科为畜牧学(自定)。截至 2018 年 3 月，该校有 3 个国家重点学科，3 个国家重点(培育)学科，2 个农业部重点学科，2 个省级重点学科群，10 个省级一级重点学科，农业科学、植物学与动物学 2 个学科进入 ESI 国际学科排名前 1%。学校研究生培养历史悠久，现有 10 个博士学位授权一级学科点，22 个硕士学位授权一级学科点；1 个博士专业学位授权类别，10 个硕士专业学位授权类别；10 个博士后科研流动站、2 个博士后科研工作站；71 个本科专业。学校现有 3 个国家级工程技术研究中心，2 个教育部重点实验室，4 个农业部重点实验室，1 个农业部区域试验站，4 个农业部农业科学观测实验站。②

　　北京林业大学进入了世界一流学科建设高校名单，是国家林业局和教育部共建的教育部直属高校。该校林学历史积累深厚，学科水平优势突出，在 2007 年和 2012 年两轮学位评估过程中，林学分别以 100 分和 96 分位列该专业的第一名。截至 2017 年 12 月 31 日，学校拥有 15 个学院、60 个本科专业及方向、26 个一级学科硕士学位授权点、1 个二级学科硕士学位授权点、12 个专业硕士学位类别、9 个一级学科博士学位授权点、7 个博士后流动站、1 个一级学科国家重点学科(含 7 个二级学科国家重点学科)、2 个二级学科国家重点学科、1 个国家重点(培育)学科、6 个国家林业局重点学科(一级)、3 个国家林业局重点培育学科、3 个北京市重点学科(一级)(含重点培育学科)、4 个北京市重点学科(二级)、1 个北京市重点交叉学科。学校拥有国家、省(部)级重点实验室、工程中心及野外站台共 42 个。③

　　东北林业大学地处黑龙江省的省会城市——哈尔滨市，始称东北林学院，是由东北农学院和浙江大学农学院剥离出来的森林系合并组建而来，属于"世界一流学科"建设高校。该校依托林科的学科优势，建设林业工程学特色学科，已经

① 华南农业大学官网学校概况(学校简介)，见 http://www.scau.edu.cn/1254/list.htm。
② 东北农业大学学校概况(学校介绍)，见 http://www.neau.edu.cn/xygk/xxjs.htm。
③ 北京林业大学学校概况(学校简介)，见 http://www.bjfu.edu.cn/269165/index.html。

成为农、医、艺等学科门类相结合的多科性大学。依据 2007 年和 2012 年的学科评估结果，该校的林学分别以 81 分和 84 分位列第三名和第二名。截至 2018 年 3 月，该校设有研究生院、17 个学院和 1 个教学部，有 63 个本科专业，9 个博士后科研流动站，1 个博士后科研工作站，8 个一级学科博士点，38 个二级学科博士点，19 个一级学科硕士点、96 个二级学科硕士点、11 个种类 32 个领域的专业学位硕士点。拥有林学、林业工程两个一流学科，3 个一级学科国家重点学科，11 个二级学科国家重点学科，6 个国家林业局重点学科，2 个国家林业局重点（培育）学科，1 个黑龙江省重点学科群，7 个黑龙江省重点一级学科，4 个黑龙江省领军人才梯队。该校已形成重点学科突出，其他学科不断发展的完备学科体系。①

四川农业大学是以生物科技和农业科技为优势，多种学科协调发展的国家"世界一流学科"建设高校。截至 2018 年 3 月，该校设有学院 26 个，研究所（中心）15 个，涵盖农学、理学、工学、经济学、管理学、医学、文学、教育学、法学、艺术学 10 大学科门类。有博士后科研流动站 7 个，博士学位授权一级学科 11 个、二级学科 48 个，硕士学位授权一级学科 18 个、二级学科 87 个，专业学位授予类别 8 个，本科专业 91 个；国家重点学科和重点培育学科 4 个，部省重点学科 19 个。参照教育部第四轮学科评估结果，学校学科建设水平较高，在农林类院校中综合计分排名较高。自从 2015 年开始，植物学与动物学、农业科学 2 个学科 ESI 的排名稳定在世界前 1%。②

福建农林大学科研实力雄厚，涉农学科建设水平较高，其中植物学和动物学的水平位居世界前列。截至 2018 年 7 月，学校有 2 个国家重点学科（含培育）、2 个农业部重点学科、7 个国家林业局重点学科，6 个福建省高峰学科、12 个福建省高原学科。植物学与动物学、农业科学 2 个学科进入 ESI 全球前 1%学科行列，生命科学学科自然指数排名位居中国内地高校第 42 位，4 个学科在全国第四轮学科评估中进入前 20%。学校现有 12 个一级学科博士点，27 个一级学科硕士点，11 个博士后科研流动站，11 个硕士专业学位授权点。设有国家和部省级创新平台 124 个，其中国家重点实验室、国家工程技术研究中心等国家级重大创新平台 7 个。该校位居福建省高校首位，全国农林院校前列。③

山东农业大学是一所以农业科学为优势，生命科学为特色，多学科融合发展的应用基础型名校。学校拥有 12 个博士后科研流动站，10 个一级学科博士点、49 个二级学科博士点，24 个一级学科硕士点、99 个硕士点；有 1 个国家重点实验室、2 个国家重点学科、2 个国家工程实验室、2 个国家工程技术研究中心；2 个农业部重点学科、1 个农业部综合性重点实验室、2 个农业部专业性（区域性）重点实验室、2 个农业部农业科学观测实验站、1 个国家小麦改良分中心、1 个农

---

①　据东北林业大学的官方网站，见 https://www.nefu.edu.cn/xxgk/xxjj1.htm。
②　据四川农业大学的官方网站，见 http://www.sicau.edu.cn/xxgk/xxjj.htm。
③　据福建农林大学的官方网站，见 http://www.fafu.edu.cn/5243/list.htm。

业部谷物品质检测中心、1 个农业部农药环境毒性研究中心、1 个全国农业农村信息化示范基地、1 个科技部、教育部新农村发展研究院、1 个国家小麦育种栽培技术创新基地、1 个黄淮海区域玉米技术创新中心、1 个国家林业局山东泰山森林生态系统定位研究站；21 个省级重点学科、4 个省级协同创新中心、11 个省级重点实验室、15 个省级工程技术研究中心、4 个省级国际合作研究中心、1 个省级工程实验室、1 个省级人文社科研究基地、2 个省级新型智库。①

3.1.2　农林专业本科生教育的现状

1）招生制度

第一，招生类型多样化，招生要求更加注重学生的综合素质，以及生源类型的多样化。农林类院校主要的招生类型分为三大类，共 12 种招生类型。第一类为普通学生招生计划，具体有普通本科和自主招生；第二类为特长生招生计划，具体有保送生、艺术类、高水平运动队、高水平艺术团；第三类为地区单招计划，具体有台湾学生免试招生计划、农村学生单独招生、贫困地区专项计划、少数民族预科班、新疆班、西藏班。在 12 所高校中，华中农业大学、浙江大学、中国农业大学实行的招生计划超过了 10 种类型；其余的 9 所农林院校实行了 3～8 种招生计划。针对乡镇农技推广紧缺专业，福建农林大学还实行了相应定向委培生的招生计划。

第二，办学方式同国际接轨，少数本科生教育向精英化发展。农林类院校致力于推进本科生教育的国际化，大部分院校都与国外高校合作开办中外合作办学项目。合作办学形式有两种，第一种是单独设置一个国际学院，独立地进行本科生的教育；第二种是由原学院与国外高校接洽，共同进行具体专业的培养。浙江大学、山东农业大学和中国农业大学都采用了第一种模式，浙大建立了浙江大学国际联合学院（海宁国际校区），山东农业大学建立了国际交流学院，中国农业大学建立了国际学院。而其他学校大部分采用的是第二种模式，通过具体项目来联合国外高校，借鉴其教学制度进行本科生的培养。例如，福建农林大学与加拿大戴尔豪斯大学、哥伦比亚大学等世界名校的联合办学项目，较大地提升了本科生教育的国际化水平。

第三，班级设置打破行政班边界，不再囿于具体专业进行分班。随着互联网的崛起，经济全球化的深化，现实世界的问题往往是跨专业、跨学科的。只进行某一个专业的学习，已经不能满足社会的需求。近年来，农林院校的专业设置在向专业大类发展，班级设置向实验班发展。有的院校通过实验班对本科生进行全面的培养，例如东北农业大学对本科生开办的理科实验班，华中农业大学开办的

---

① 据山东农业大学的官方网站，见 http://www.sdau.edu.cn/7/list.htm。

"张之洞"实验班，这些班级的设置都突破了专业的限制，有利于学生综合素质的培养。有的院校通过按学科门类分专业，推动专业之间的融合和发展，例如浙江大学按专业大类设置班级，按人文科学实验班、社会科学实验班、理科实验班、工科试验班等班制进行招生。

第四，本科生管理出现新的模式，由独立的学院管理转为统一集中管理。浙江大学在 2008 年将本科生教育独立出来，单独成立了本科生院。本科生院的建立，有利于促进各学院本科教学资源的整合，创新本科教学管理新模式，推动本科教学改革进一步深化，建立健全本科教育新体制，从而对本科生教育水平起到积极的促进作用。独立的本科生院也使多部门的决策模式变为单一部门集中管理，减轻了各学院各自为政的问题，管理效率得到极大的提升。

2) 教学概况

第一，加强精品课程的打造，推进优质教材的编撰。课程是本科生教育的重要载体，课程水平对大学生的教育质量有重要影响。精品课程的打造，有利于学校教师水平的提升，促进优质资源的分享。农林类院校依托自己的学科优势，打造出了一批农林类的精品课程。例如南京农业大学共打造了国家精品视频公开课程 6 门，国家精品资源共享课 19 门，这些优质课程涉及动物科学、植物科学等农林类学科，充分利用了该校的教学资源，这些精品课程分为国家级、省级和校级，构成了一个多层次的体系。顺应国际交流和国际合作的需要，少数农林院校还进行了双语课程的建设。例如山东农业大学现有国家双语教学示范课程两门，分别为遗传学和生物化学，省级双语教学示范课程 3 门。高水平农林院校不仅是教材的接受者，更是教材的编撰者。例如华南农业大学 2015 年 9 月至 2016 年 8 月的教材取得优异成果，《有机化学(第 4 版)》等 4 种主编教材获批科学出版社第一批普通高等教育"十三五"规划教材暨数字化项目立项；《普通遗传学(第 2 版)》等 23 种主编教材获批中国农业出版社第一批全国高等农林院校"十三五"规划教材选题和数字化项目立项；《生态文明概论》等 22 种主编教材获批中国林业出版社第一批普通高等教育"十三五"规划教材立项。

第二，丰富网络教学资源，慕课(MOOCs)课堂打造获得高校的积极响应。慕课是利用互联网信息技术进行传播和分享的开放课程，该类课程打破了地域边界，实现了教育资源的平等共享。在线课程分型的潮流始于 2011 年，时代的潮流中也见到了许多农林类院校的身影。山东农业大学搭建了神龙在线慕课课堂，通过该平台进行优质教学资源的分享。华中农业大学搭建了多功能的课程平台，实现了"教学、辅导、交流、考核"的在线化，使课程学习的全过程都依托网络进行，同时上线了大量多专业课程资源，增加了学生自主学习的选择空间。华南农业大学自 2016 年开始，开展了第一批慕课课程的遴选工作，共有《压花艺术》等 6 门课程列入学校第一批慕课建设项目，其中《畜产食品工艺学》已在"智慧树"

和"深圳大学优课联盟"在线平台上线运行。

第三，国际合作更加广泛，合作形式更加多样。随着经济水平的发展，我国的学生对高质量教学资源的追求变得更容易实现。我们目前还是发展中国家，本科生教育的发展水平相对较低，为了借鉴国外高校优秀的教育模式，农林类院校普遍都重视与国外高校的合作和交流。合作的对象不再局限于英、法、美、加拿大等欧美国家，也涉及日本、韩国、俄罗斯等亚洲国家。国内农林类院校与港澳台高校的合作也向频繁化和日常化发展。对外合作的形式多样，主要有联合培养、短期交换、暑期交流、国际会议、国家公派、港澳台交换等项目。研究样本中的院校，大部分都与超过 20 个国家和地区高校建立了合作关系。联合培养项目主要有"3+X"和"2+2"两种形式，即本科生先在国内学校接受 2～3 年的学习，完成相应的学习任务后，再到国外对应高校完成该校的学习任务。本科学习结束以后，获得国内和国外高校的双学位。有的高校例如山东农业大学的合作办学项目中，本科生前三年都在国内，但是完全按照合作院校的本科生教育方式培养学生。这种模式既借鉴了外国高校先进的教学制度，又节约了学生的留学成本。短期交换的时间一般为一年，学生可以通过交换的形式了解合作高校的教学制度，使用该校的教学资源。通过这样的方式，可以帮助有志于留学的学生对留学生活有一个直观的了解。暑期交流的时间更短，一般为一个假期，这样的项目在帮助学生拓宽眼界、了解国外的文化方面有比较明显的作用。国际会议主要是指国内高校通过举办学术论坛的形式，邀请国内外相关领域的专家学者对某个主题进行讨论，学生通过参与国际学术会议，提升学术水平。例如西北农林科技大学举办的杨凌国际农业科技论坛，该论坛一共举办了 11 届，这项学术活动的品牌影响力不断提高，论坛议题不断务实，出了不少实质性的成果。

3）创新教育

第一，利用创新实验平台，对资质优秀的学生进行"少而精、高层次"的教育。改革人才培养模式不是一蹴而就的，农林类院校采取人才培养模式创新实验项目的形式进行培养模式的探索，依托国家级的人才培养基地，对本科生进行"少而精、高层次"的教育。不同层次的农林类院校参与热情均较高，人才培养成果优秀。例如，华中农业大学现有国家级人才培养基地两个，一个为生物学理科基地，另一个为生命科学与技术人才培养基地。生物学理科基地旨在通过集中教学资源，培养高层次的基础科研与教学人才，实行本硕连读制，强调理论与应用结合。生命与科学技术人才培养基地的人才培养目标定位为高层次的农业生物技术产业化人才，该基地实行本硕连读学制，强调创新创业能力的训练。西北农林科技大学，积极建立人才培养模式创新实验区，人才培养平台众多。福建农林大学同样拥有 1 个国家理科基础科学研究与教学人才培养基地，并申请到了 2 个卓越农林人才教育培养计划项目。

第二，依托人才培养项目，对学生的个性化发展进行引导。降低申请转专业的门槛，开办特色试验班，鼓励学生进行"双学位"的修读，建设大学生创业孵化园，为个性化人才和创新型人才的培养提供成熟的条件。例如华中农业大学开办"张之洞"实验班，依托生物学理科基地，聚焦于学生实践创新能力，进行拔尖创新人才的培养。南京农业大学针对特殊的有资质的学生，建立了卓越农林人才教育培养计划、金善宝实验班、基地班三种人才培养项目。这些人才培养项目依据其目标定位，对学生的能力进行有针对性的训练。

第三，通过多种措施训练学生的创新创业能力。在这个倡导创新的时代，大部分院校一方面通过开设多种类型的创新创业课程，训练学生的创业思维；另一方面通过专项基金的设立，从资金方面对学生的创新创业活动进行支持。在创新创业课程方面，农林类院校中浙江大学教育模式比较成熟，已经逐步形成了创新创业教育的课程教育模式、辅修学位模式、国际教育模式与四创融合模式。目前，学校围绕着创业意识、创业知识、创业能力素质、创业实务操作，已开设了创意类课程 150 多门。通过辅修学位模式，每年选拔 40 名本科生进行"课程+实践"的培养。除此之外，学校积极融入国际创业生态系统，与多所国际学校合作开展创新创业教育。在资金支持方面，华中农业大学设立了科技创新基金，并在创新人才的培养方案中加入了创新创业教育板块，构建了"国家—省—校—院"四级资助体系。学校仿照国家社科基金的运作模式，设立了面向本科二、三年级的科技创新基金。这些创新创业的项目对促进本科生的创新创业有一定的正面作用。

第四，构建多方合作平台，构建学生与企业的有效联动。高校牵头成立创业园和科技园，有效地匹配创业者和企业，并为创业学生提供导师指导、投融资促进，切实推动科技成果向实际生产力的转化。创业园为大学生进行创新创业活动提供了相应的物质条件，成熟的配套设施也能为创业学生提供技术咨询和经营辅导；同时创业园有助于高校科技成果的转化，从而提升科研的社会效益。目前不少农林类院校都构建有创业园，但产出项目较少，社会各界参与度还不够高，有待进一步的完善与发展。

4) 奖助体系

第一，奖助体系逐步完善，类型丰富。为了保证家庭经济困难学生的求学需求，各农林高校都把奖助体系的建设放在重要的位置。根据自身的经济实力不同，各高校的助学力度也不相同。相比之下，学校中奖助体系最为完善的是西北农林科技大学。西北农林科技大学对家庭困难学生的保障是全方位、全过程、全覆盖的，助学的类型多种多样，助学的力度较大，助学的效率较高。该校建立了"奖、贷、助、补、减、勤、代"七位一体的资助体系，采用多种方式开展资助工作。评价家庭有经济困难的学生的贫困程度，有侧重地进行重点资助与一般资助；考核学生发生经济困难的频率，采用长期资助与临时资助相结合的工作思路；重视学生的发展能力，为学生能力提升提供专项资助。为家庭经济特别困难的学生及时安排勤工助学岗位，对患重大疾病的学生提供临时补助，对经济困难学生进行春节慰问等活动。精准助学，利用寒暑假对贫困学生进行家访，对孤残学生、低保家庭以及贫困地区建档学生的路费纳入助学体系。

第二，奖学金的类型更加丰富，评选标准更加多样化。除了传统的国家奖学金、国家励志奖学金和学业奖学金项目，各高校根据自己的培养目标和企业的捐款额度自行设置了各类型的奖学金。多样化的评选标准推动了学生的全面发展和综合素质的提升，例如四川农业大学设置了学校特别荣誉奖学金、创新创业典型和单项奖学金"竞赛奖"等多种类型的奖励。中国农业大学的专项奖学金由社会公益力量出资设立，奖学金类型多样，主要包括曦之教育基金奖学金、先正达奖学金等。

第三，奖助资金来源多样，企业、社会团体和个人积极支持本科生教育。农林类院校奖助学金的来源中，社会团体、个人和企业的捐款占据了一定的份额。根据学校的水平不同，所能获得的社会、个人和企业的资助额度不同。学校的知名度、教学水平和地理位置都会对学校获得的社会捐款的数量有影响。知名度和教学水平高的学校校友的平均收入水平要更高，社会捐款中的校友捐款部分就会更高。而地处东部的学校与地处中部的学校所接触的企业和个人的收入水平有差异，例如西北农林科技大学和南京农业大学两所学校的知名度相差不大，但南京农业大学的社会捐款要明显地多于西北农林科技大学。

第四，奖助学金管理模式逐步改善，出现了新型的资金管理模式。不同于一般的奖助学管理模式，在农林院校已经出现以教育发展基金会的形式管理资金的模式。华南农业大学和南京农业大学都成立了教育发展基金会，对资金实行统一管理。以南京农业大学为例，该校发起成立了南京农业大学教育发展基金会，基金会的运营有几大主题，一是筹资完善学校的教学设施，二是资助贫困学生完成学业，三是奖励有突出贡献的学生和教师。截至 2016 年，南京农业大学教育发展基金会管理的专项基金总数已达 53 个。专项基金既有针对特定学科的奖学金，也有资助困难学生求学的助学金。基金会的资金主要来源于社会团体、个人和企业捐款。以南京农业大学为例，2016 年南京盛泉恒元投资有限公司捐款 200 万元用于农林经济管理学科发展基金，江苏陶欣伯助学基金会捐款 131 万余元用于助学项目，邵根伙捐款 700 万元用于学校发展，南京农业大学 2016 年度奖励学生支出为 322 万元，学生活动费 554 万元，奖励优秀教师 41 万元。[①]以教育发展基金会的形式对资金进行管理，有助于对资金的使用效率进行评价。独立运作的教育发展基金会每年会编制年度报告，对资金的来源和支出进行汇报，当年剩余资金通过委托理财的方式进行第三方托管和投资。

---

① 据 2016 年南京农业大学《教育发展基金年度报告》。

5）质量保障

第一，部分农林院校的教学质量主要依靠内部质量控制制度，质量保障约束机制不强。农林类院校本科教育质量保障形式单一，主要依靠自我评价，大多数学校对本科生教育设置了教学督导，进行定期评价，教学督导的重点主要是上课情况和教学秩序方面，质量评价的标准比较片面。华南农业大学自 2011 年开始借助第三方进行教学质量评价，具体方式为委托麦可思公司对该校毕业生就业情况进行跟踪调研，这是在教学质量评估中引入第三方评价机构的一次尝试，有助于提升本科教学质量评估报告的权威性和客观性。但第三方评价主要从人才就业方面进行评价，参与度还较低。

第二，农林院校的质量保障水平参差不齐，大部分水平较低。农林类院校对本科生教育进行质量保障的外部动力不足，目前主要集中于教师水平建设、教学督导和本科生课程评价方面，且评价体系不够完善，力度不强，权威性不够。有三个学校建立了教师教学发展中心，分别是华南农业大学、东北林业大学、东北农业大学，教师发展中心是立足于教学发展的学术性服务机构，主要开展提升教师教学能力和教学水平的服务。中心主要开展的服务包括教师培训、教学研究与改革、教学咨询、资源汇聚与共享、教学质量评估和对外服务。这些活动对保障教师的教学水平，提升教师的教学能力都有积极的促进作用。

3.1.3　农林专业研究生教育的现状

1）招生制度

第一，招生规模不断扩大，专硕招生规模急剧扩张。近几年的研究生规模总体上是在扩大的，2016 年的研究生录取总数为 667064 人，同 2009 年相比增加了30.55%。其中专业学位的招生规模有了急剧的上升，2016 年的专业学位人数是2009 年的 3.9 倍。专业学位的学制更短，且更加注重学生的实践能力。专业学位人数的激增，反映了近几年研究生的读研初衷是提升自己的专业技能以更好地适应企业的需求。相反，全国高校和研究所的学术型学位的招生规模呈现缓慢下降的趋势，其中硕士招生有明显的缩招迹象。2016 年的学术型硕士招生要比 2009年的学术型硕士少 67459 人，而博士招生规模则有缓慢的上升趋势。这说明我国的高等教育正在向更加精英化和专业化的方向发展。具体到农学专业，其招生趋势呈现出不同的特点。农学总的招生规模有了显著的增长，2016 年与 2009 年相比招生人数增加了约 82.14%，其中硕士人数增长了 94.56%，博士人数增长了27.33%。农学硕士占全部硕士的比例有明显的上升趋势，而农学博士占全部博士的比例比较稳定，这说明农学近几年在学生和家长中的人气在不断地上升，农学专业越来越受到人们的重视。

表 3-5　2009～2016 年全国高校和研究所招生情况

指标	2009	2010	2011	2012	2013	2014	2015	2016
研究生总计	510953	538177	560168	589673	611381	621323	645055	667064
专业型总计	72239	119299	159942	198883	226578	240762	263642	282126
专业硕士	71388	117793	158499	197151	224859	238747	261717	279617
专业博士	851	1506	1443	1732	1719	2015	1925	2509
学术型总计	438714	418878	400226	390790	384803	380561	381413	384938
学术型硕士	377654	356622	336110	324152	316060	309942	308922	310195
学术型博士	61060	62256	64116	66638	68743	70619	72491	74743
农学专业总计	14800	14874	20063	21080	23388	23383	24147	26957
农学硕士	12067	12043	17084	17975	20296	20202	20975	23477
农学博士	2733	2831	2979	3105	3092	3181	3172	3480
农学硕士占比	2.36%	2.24%	3.05%	3.05%	3.32%	3.25%	3.25%	3.52%
农学博士占比	0.53%	0.53%	0.53%	0.53%	0.51%	0.51%	0.49%	0.52%

数据来源：Wind 资讯。

第二，招生形式更加多样化，选拔方式逐渐增多。硕士研究生招生一般有三种形式，一是全国统考，二是推免研究生接收，三是单独考试。全国统考需要考生初试成绩超过学校录取分数线，并通过学校的笔试和面试才能入学。而推免生需获得本校的推免资格，通过夏令营或者面试获得目标院校的名额，才能入学。单独考试主要是针对特殊地区和特殊人才出台的招生计划，具体有鼓励退役大学生提升教育水平的专项硕士研究生招生计划，促进少数民族地区发展的高层次骨干人才计划，以及其他专项指标等。这些单独考试的计划有助于丰富研究生的生源类型，增加校园的多元化。博士研究生招生采用"申请审核制"、硕博连读、普通招考三种招考方式。"申请审核制"是参照国外高校引入的招生模式，把博士生招生的选择权下放到具体的学院或者导师，有助于录取具有学术专长的个性化人才。硕博连读则是高校在硕士研究生中选择有潜力的学生，直接进行博士生的培养。普通招考则是由学校统一组织考试，选拔标准比较单一，个性化不强。

第三，录取计划种类增多，培养模式同培养目标显著相关。硕士研究生按培养学制的不同，可以分为学术型硕士和专业硕士。学术型硕士学制为三年，主要为高校和研究所培养学术型人才。专业硕士学制为两年，主要注重学生的实践能力，为社会培养应用型人才。目前农林类院校比较倾向于招收学术型硕士。硕士按照是否要求脱产分为全日制硕士和非全日制硕士。硕士研究生按照是否与学校签订就业协议，可以分为定向就业硕士和非定向就业硕士。目前一共有三种类型的录取方式，第一种是按照全日制和非全日制进行录取，第二种是按照定向就业和非定向就业进行录取，第三种是按照学术型硕士和专业型硕士进行录取。山东农业大学属于第一种，华中农业大学属于第二种，西北农林科技大学属于第三种。不同的录取类型，反映了农林类院校培养的侧重点不同。

2) 培养制度

第一，培养类型逐渐增多，复合型、应用型人才的重要性日益凸显。我国正处于经济的转型期，产业重点从低端制造业转移到了高新技术行业，这就对我国的人才素质提出了更高的要求。社会对复合型高层次人才的需求与日俱增，客观上就对专业学位人才的培养提出了更高的要求。不同于科学硕士，专业硕士旨在培养出能够匹配社会特定职业能力素养的人才，更加注重专业能力和职业素养的培养，强调学生的实践能力和创造能力的结合。我国专业学位教育制度的建设起步较晚，1991 年才有了第一个专业学位，近些年的建设成果非常显著，专业硕士的学科逐渐增多，且教育层次扩展到了博士学位。由表 3-6 可知，研究样本中的12 所高校，中国农业大学和南京农业大学以及浙江大学都开设了至少 5 种专业硕士，分别是公共管理硕士、工程硕士、风景园林硕士、兽医硕士、农业推广硕士。华中农业大学、西北农林科技大学、华南农业大学开设了其中的 4 种类型的专业硕士，剩余的 6 所农林类院校普遍开设了 3 种专业硕士。可以看出，农林类院校的专业硕士培养还有很大的空间，为了迎合社会对人才的多样化的需求，农林类院校的专业硕士培养类型将会进一步地丰富。

表 3-6　12 所院校的专业学位开设情况

培养类型	ZN	NN	HZ	XN	ZD	SD	SN	BL	DL	DN	FN	HN
工程硕士	√	√	√	√	√			√	√	√	√	√
农业推广硕士	√	√	√	√	√	√	√	√	√	√	√	√
兽医硕士	√	√	√	√	√					√	√	√
公共管理硕士	√	√			√							
风景园林硕士	√	√	√									√
公共卫生硕士					√							

代码说明：ZN-中国农业大学；BL-北京林业大学；DL-东北林业大学；HZ-华中农业大学；NN-南京农业大学；XN-西北农林科技大学；SN-四川农业大学；HN-华南农业大学；DN-东北农业大学；FN-福建农林大学；SD-山东农业大学；ZD-浙江大学。

资料来源：中国学位与研究生教育信息网，见 http://www.cdgdc.edu.cn/xwyyjsjyxx/gjjl/。

第二，培养方式灵活性增加，硕士研究生培养经费来源广泛。硕士研究生的经费来源有三种类型，分别是国家计划拨付、委托单位以及高校自筹。第一种为国家计划招收硕士研究生，按照其是否签订定向就业协议，还可以进一步区分为定向就业硕士和非定向就业硕士两种，定向就业硕士有助于减轻基层以及一些较偏远地区的人才稀缺问题。第二种为委托培养硕士研究生，委托单位提供资金供其员工的进一步深造，毕业以后硕士研究生回原单位继续工作。第三种为自筹经费硕士研究生，高校在其各方面条件成熟的前提下，自行提供硕士生的培养经费。培养方式灵活性的增加，有助于研究生培养数量的增加，对满足社会日益增长的对高素质人才的需求起到了积极作用。

　　第三，培养目标趋于一致，多层次的培养体系难以形成。目前农林类院校的硕士培养目标趋于一致，不同层次的学校培养目标难以区分。综合实力相近的学校培养目标基本一样，例如中国农业大学和西北农林科技大学，学术型硕士的培养目标都是培养高层次学术型和应用型人才。综合实力相差较大的学校培养目标也差异不大，例如西北农林科技大学和四川农业大学，学术型硕士的培养要求几乎是重合的。从学术型硕士和专业型硕士的维度来看，其培养目标有明显的差异，但各个层次的农林类院校的专硕培养目标几乎完全相同。趋同的培养目标不利于各高校发挥自身的优势，进行个性化的培养。培养目标的雷同和社会对人才多样性、灵活性的需求产生了矛盾，使得人才的结构失衡。

表 3-7　4 所农林类院校的学术型硕士和专业型硕士的培养目标比较

学校名称	学术型硕士	专业型硕士
东北农业大学	①对思想政治方面的要求；②对学科知识和论文写作能力的要求；③对思维能力、动手能力和解决问题能力的要求；④对熟练掌握一门外语的要求	为农业技术研究、应用、开发以及推广，农村发展和农业教育等企事业单位和管理部分培养应用型和复合型的高层次人才。①有一定的思想政治水平；②掌握系统的专业知识和相关和人文社科知识，能够独立从事高层次的农村发展工作；③基本掌握一门外语，能够阅读本领域的资料
西北农林科技大学	培养适应我国社会主义现代化建设需要的，德、智、体全面发展的高层次学术型和应用型人才。①具有良好的思想政治水平；②拥有本学科坚实的理论基础和实践操作技能；③能熟练地阅读本专业的外文文献，并能够进行学术交流	为农业技术研究、应用、开发以及推广，农村发展和农业教育等企事业单位和管理部分培养应用型和复合型的高层次人才。①具有一定的思想政治水平；②掌握系统的专业知识和相关和人文社科知识，能够独立从事高层次的农村发展工作；③基本掌握一门外语，能够阅读本领域的资料
中国农业大学	培养应以适应我国社会主义现代化建设的需要，造就德、智、体全面发展的高层次专门人才为基本目标	全日制硕士专业学位是针对社会各行业的从业标准和对知识、技术含量要求，培养掌握某一专业（或职业）领域坚实的基础理论和宽广的专业知识，具有较强的解决实际问题的能力，能够独立承担专业技术或管理工作，具有良好职业道德的高层次应用型人才
四川农业大学	①拥有良好的学术道德和身心素质，较强的学术能力；②具有坚实的学科基础和系统的专业知识；③能系统地掌握科学研究的方法，能独立承担并完成课题；④能熟练掌握一门外语，较高的外文写作和学术交流能力	为农业技术研究、应用、开发以及推广，农村发展和农业教育等企事业单位和管理部分培养应用型和复合型的高层次人才。①具有一定的思想政治水平；②掌握系统的专业知识和相关和人文社科知识，能够独立从事高层次的农村发展工作；③基本掌握一门外语，能够阅读本领域的资料

　　资料来源：东北农业大学、西北农林科技大学、中国农业大学、四川农业大学的官方网站。

　　第四，培养方法双轨制，专业型硕士和学术型硕士培养方法差异明显。学术型硕士和专业型硕士的发展方向不同，两者的培养方法也有显著的差异。第一是学制上的差异，根据培养方案来看，专业型硕士的学制为 2 年，学术型硕士的学制为 3 年。同样的专业，相比学术型硕士，专业型硕士的学习课程偏实务，且学习时间相对更短。第二是教学方式的差异，学术型硕士的教学一般是通过课程学习和科学研究来完成的，而专业型硕士更突出案例教学课程和实践课程。第三是对学生的学术水平的要求不同，学术型硕士有学术交流的要求，有的学校还有撰写读书报告的要求，例如西北农林科技大学要求学术型硕士学生在研究生期间必须撰写 4 篇读书报告，而专业型硕士则没有这方面的要求。第四是导师制度的不同，学术型硕士一般由校内的老师担任导师，平时的研究任务是通过同一导师跨年级的学生合作完成。而专业型硕士一般实行的是"双导师制"，同时配有校内校外两个导师，但以校内导师为主，校外导师一般是相应行业出色的从业者，负责指导学生的专业实践。双轨制的教学制度很好地匹配了社会对人才的不同需求，有助于学生更好地实现其人生规划。

　　第五，学位论文的要求更加严格，对研究生的学术水平要求更高。严格监控学位论文的撰写的全过程，从论文开题到论文答辩要经过学术委员会的多次论证。学术型硕士和专业型硕士的培养年限不同，但基本的流程是相似的。学生完成相应的课程以后，应结合自己的研究方向同导师讨论后进行选题。学术型硕士的学位论文一般都是学术论文的形式，全日制专业学位研究生的学位论文形式可以多种多样。学生确定选题之后，先要进行开题答辩，并接受指导老师的问询。如果论文选题没有做到科学性、学术性、先进性、创新性和可行性，或者学生对研究选题的相关学习不够充分，论文开题报告通常会被打回。开题报告通过以后，学生应在老师的指导下进行论文的撰写。论文写作一段时间后，还会有一个中期检查，对学生的各方面的水平进行审核，审核通过了才会有论文答辩的资格。农林类院校的学位论文，鼓励盲审和外审，外审通过了才有答辩的机会，最后答辩通过了才能获得硕士学位。目前的硕士学位论文均须录入网上数据库，接受其他学校专家的外审，如果审查不通过都会被取消硕士学位。而博士论文的写作流程也相差不大，只是要求会更加严格。

3) 奖助体系

　　第一，助学金覆盖度更高，保障力度更大。相较于本科的奖助体系来说，研究生的助学金覆盖度更高。本科生只覆盖到了家庭贫困的学生，而研究生则是全覆盖的。只要是全日制的硕士生和博士生，每个月都会发放相应的补助。国家发放助学金的标准是博士生每人每年 12 000 元，硕士每人每年 6000 元，一般是按月发放。大部分的农林院校在此基础上都有所上浮，相比之下博士研究生的助学金上浮幅度较大。例如西北农林科技大学的博士研究生按照每人每年 15 000 元发放助学金，硕士研究生按照每人每年 7200 元发放助学金。与西北农林科技大学相比，福建农林大学的津贴发放还有所上浮，博士研究生上浮到每人每月 2000 元，硕士研究生上浮到每人每月 600 元(按 12 个月发放)。整体来说，农林类院校对硕士生和博士生的补贴相对充足，且更为重视博士生的教育。

第二，多样化的措施保障学生的生活，助研和助教岗位的重要性更加凸显。研究生的任务主要是学习如何做研究，这就要求研究生在实践中去摸索研究的方法。助研和助教为研究生们提供了这样的一个途径，通过帮助导师进行课题的研究和本科生的教学，学生们既巩固了自己的理论知识，学会了一些做研究的方法，又获得了津贴以保障自己的生活。为了保障学生的积极性，大部分农林院校对助研岗位的津贴都做了硬性的规定，但根据每个学校的经济实力差异，助研的标准也有区别。例如西北农林科技大学要高一些，学术型博士研究生的年助研津贴标准为每人每年 7200 元，按月发放；学术型硕士的津贴标准相比较低，为每人每年 2000 元，按月发放。四川农业大学设置了津贴的底线，来自导师的津贴必须达到 2400 元一年。山东农业大学设定的三助津贴的标准为 400～1000 元/月。华中农业大学相对更低，并按照学科门类分别设置了助研津贴的标准，自然科学类硕士和人文社科类硕士津贴水平都较低，但前者的津贴水平要比后者略高。助研活动的开展有利于对学生研究能力的培养，同时也对学生的生活提供了一定的支持。

第三，更注重学生的科研水平，对优秀论文的奖励力度更大。研究生进行研究的主要成果就是论文，高水平的论文是高校教学成果的体现。农林类院校对研究生的论文水平也相当关注。部分院校直接设置了优秀论文奖学金，用于奖励论文水平优异的学生。部分院校的学业奖学金和社会奖学金的评选标准，都直接或间接地与学生的论文数量和论文水平挂钩。四川农业大学优秀学位论文奖励标准是校级优秀硕士学位论文每篇奖励 3000 元。北京林业大学的学术"腾飞(提升)"奖学金分 60000 元和 120000 元两个档次。还有的院校设置了扶持基金，专门用于资助学生的论文写作。

第四，非全日制硕士的生活保障度较低，奖助学金向全日制学生倾斜。农林院校的奖助体系向全日制和学术型硕士倾斜，大部分学校没有针对非全日制研究生的奖励政策，而且学术型硕士的奖励水平明显要比专业型硕士更高。很多农林类院校在招生章程中会明示，学业奖学金和国家助学金均不覆盖非全日制硕士，例如福建农林大学和华中农业大学，华中农业大学的国家助学金和学业奖学金也注明了委托培养研究生及有固定工资收入的研究生不享受。

第五，学业奖学金基本全覆盖，且额度较高。为了激励研究生更好地完成学业，充分地保障研究生生活方面的需求。硕士研究生和博士研究生每年的学业奖学金是全覆盖的，学生只有等级的差别。奖学金的额度和本科相比，有了较大的提升。硕士研究生的学业奖学金平均水平约为 8000 元，已达到了本科生最高级别的国家奖学金水平，而博士研究生则更高，普遍都超过了 10000 元。

例如西北农林科技大学和华中农业大学对研究生的奖学金均按年级分为甲、乙、丙三等，三个等级的金额有所差距，但总的评选比例是按照全体研究生名额的100%设置的。

第六，对外交流形式更加多样，对留学研究生的资助更加全面。对外交流有利于研究生拓展国际视野，提升研究生培养的国际化水平，进一步提高我国研究生的培养质量。不少农林类院校都重视研究生对外交流，对研究生出国求学和交流提供了全方位的资助。具体的形式有国际会议资助、国家留学基金资助和国家公派留学生项目等。国际会议资助是指资助优秀研究生赴海外参加本学科领域权威的国际学术会议，视学生具体的情况提供相应的资助额度，对于论文被录用的参会者，给予单程国际旅费的资助；对于其论文入选会议优秀论文名单的学生，则可全额报销来回机票费以及相应的支出费用。国家留学基金的资助项目则是在出国留学期间，基金会对于研究生给予一定额度的资金支持。国家公派留学项目则是国家完全覆盖学生留学的学费和生活费，以使学生专心地学习。

4）质量保障

第一，研究生质量外部保障呈现新特点。研究生教育保障体系的建设中，外部行政监督力量相对弱化，高校的内部保障机制更加完善。学位授予单位作为研究生培养质量监督的第一主体，承担着事前和事中监管的重任，相应的教育管理部门则要适度放权，改变以往对研究生质量的监管，监管重点从以政府为主的模式，转变为事后以及宏观监管。针对研究生质量保障问题，教育管理部门提出从增大学位论文的抽验频次、完善学位授权点评估制度、加大不合格学生的淘汰力度、健全不合格学位点强制退出机制四个方面完善质量评价体系。具体来说，一轮学位授权点的评价时间段为6年，学位授予单位前5年每年都需进行学位授权点的自主评价，最后1年为教育管理部门抽评。在实施监管的过程中，教育管理部门要求适当提高学生毕业学位论文的标准，有效淘汰培养不合格的学生，同时授位单位建立质量评价反馈制度，在毕业前后分别对硕士毕业生质量进行全面的评价，并建立动态调整机制，根据质量调查结果调整培养方法。研究生质量监督不再是一项行政任务，高校的主观能动性明显得到增强，有利于其根据各高校的办学定位，建立契合自身办学水平的内部质量保障体系。

第二，研究生教育质量评价标准僵化。农林类院校对研究生的评价主要是从论文数量和水平的角度进行的，研究样本中的学校对学生在学校期间都有发表论文的要求。硕士生和博士生的毕业前提，都是写出一篇高质量的符合要求的学位论文。但实际上，不同类型的硕士生所应该具有的能力是不同的，专业型硕士应该更注重实践能力。只有建立高层次、高水平的职业资格与相应专业学位的衔接机制，才可客观地评价专业学位研究生教育质量的实践应用能力。

3.2　卓越农林人才培养的实证考察

3.2.1　中国农业大学的卓越农林人才培养

1) 学校背景简介

中国农业大学是办学优势突出、学科发展水平较高的研究型综合性大学。中国农业大学办学历史悠久，其办学源头可以追溯到 1905 年的京师大学堂农科大学。作为现代农业高等教育的领头者，中国农业大学入选了首批教育部批准设立研究生院的名单，并于 1984 年成立了研究生院。研究生院经过二十多年的发展，学科建设成果优异，现有 20 个博士学位授权一级学科，29 个硕士学位授权一级学科，95 个博士学位授权点，144 个硕士学位授权点，9 个硕士专业学位类型及 33 个专业学位领域；拥有 12 个国家级重点学科，19 个部级重点学科，15 个博士后流动站。在最新一轮(第四轮)学科评估中，作物学、畜牧学、兽医学、林学、草学、农业工程等一级学科排名全国前 2%，其他农林类一级学科基本处于前 10% 的水平。中国农业大学已经形成了一套成熟的研究生教育与管理体系，该体系涵盖科学硕士研究生、专业硕士研究生以及博士研究生，作为农科教育发展的先驱起到了榜样示范作用。

2) 卓越人才培养实施策略

在顶层设计方面，树立品行为先、重视能力、全面发展的培养理念。高水平研究型大学的任务是培养拔尖创新型人才，对卓越农林人才的培养过程从本科进校开始一直持续到学生硕士或博士毕业。完善创新人才培养体系，强化大学生的实践创新能力，为后续高水平研究人才的选拔奠定基础。学校实施分类培养模式，对于硕士研究生，其培养目标为复合型应用人才，培养重点为实践应用能力的训练，并对有资质的硕士研究生进行创新能力的训练；对于博士研究生来说，其培养目标应为研究型人才，培养重点为对其创新能力的训练。

在师资建设方面，严格审核研究生导师招生资格，全面考察导师的培养能力。明确导师的岗位职责，考察其对研究生专业能力的培养、研究生的学术道德水平、导师对其学生的项目自主力度，从这三个方面综合测评导师的研究能力和培养能力，按照测评结果进行每年研究生招生名额的分配。建立招生教师动态测评机制，每年对申请招生的教师进行资格审查，控制每位导师招生总数，以保证学生培养质量。建立导师追溯问责制度，当研究生的学位论文出现抄袭、论文质量过低等问题时，向其导师追责，情况严重者取消其招生资格。

在培养模式改革方面，结合学科特点修订培养方案。强化培养过程管理以一级学科的知识体系为基础，结合专业方向的特点，对人才因材施教，并适时修订其培养方案。各学院根据人才定位和学科特点的不同进行培养方案的修订。硕士研究生定位为应用型人才，其培养方案应侧重应用能力的培养；博士研究生定位为高层次研究人才，其培养方案应侧重为学术能力的训练。设置全日制硕士研究生分流机制，采用宽口径和重实践能力的培养内容对硕士研究生进行培养，以一年的时间作为考察期，第一年原则上学科课程和培养方式相同，第二年部分有潜力的学生经导师认可，可选择硕博连读生的培养方案，提前进入博士阶段的学习。同产业联系密切的专业学位类型，应根据职业特征单独制定个性化的培养方案。

在人才培养过程方面，明确培养定位，实行弹性学制。设定学业的基本年限和最长年限，对研究生的学制给予适当弹性。博士研究生的基本年限为 4 年，硕士研究生为 2 年，硕博连读研究生为 5 年。在基本学业年限内，如果研究生能力特别突出，并提前完成学业任务，还可申请提前答辩，对学位论文合格的研究生准予提前毕业。超过基本年限仍未完成相应的学业，研究生可适当延长在校学习时间，博士研究生最长不超过 6 年，硕士研究生不超过 3 年，硕博连读生不超过 7 年。若达到最长学习年限，研究生仍未完成学业，学校应作淘汰处理，不再保留学生学籍。

改革招考制度，提高生源质量。改革招生制度，增加导师招生的自主权，根据学科需求制定相应细则，重视生源质量，严格制定选拔标准与程序，选拔出真正有潜力的学生进入研究生的学习。针对硕士研究生招生，增加校内外优秀免试生的招生比例，选拔优秀的本科生免试攻读硕士；对参与国家统考的学生，提高其参与复试的比例；给予学院更多的自主权，学院可根据学科特点，自行确定复试比例。针对博士研究生招生，建立优秀的本科生和硕士生进入博士阶段学习的途径，选拔优秀的本科生直接进行直博生的培养，以硕博连读生作为博士的主要来源，并根据国家有关规定，允许符合要求的专业硕士研究生进行硕博连读。在博士的招考中实行申请考核制，逐步减少在职博士研究生的数量。

深化教学改革，丰富教学资源。学校不断推动教学内容改革，建成了多层次的优秀课程体系，并编纂了多本优秀教材，为学生的学习提供了丰富的教学资源。随着网络公开课的兴起，学校拓展了网络学习空间，并加入了"清华教育在线"网络教学综合平台，实现了网络课程校际的共建共享，进而实现了优质的数字化教学资源校际的共建共享。整合国内外高校的精品课程、开放课件、视频公开课以及慕课课堂，极大地丰富了研究生的教学资源，有效地实现了研究生知识面的拓展。

完善研究生补助办法，体现导师负责制。导师是研究生助研津贴发放的第一责任主体，学校起到管理和补充作用。全日制硕士研究生的助研最低标准由学校制定，支出由学校和导师一起负担。全日制博士研究生以科学研究为主，其助研津贴可在导师的科研项目中列支，不足其生活部分由学校负担。对于硕博连读和直博的学生，其助研津贴分段发放，前两年为硕士生学习阶段，按照硕士生水平发放津贴，以后年份则按博士生标准进行助研津贴发放。对于导师经费有限的人文学科和一些基础学科，学校支持其助研津贴的发放。这些学科的导师应当控制招生名额，以保证学生的生活水平。

提高博士毕业论文写作要求，完善毕业审核程序。严格控制培养年限，以基本修业年限为标准，对申请提前毕业的研究生制定严格的标准，原则上不允许硕士研究生提前毕业，对满足毕业标准的博士研究生最多只允许提前一年毕业，且对研究生提前毕业制定规范的流程。提高对研究生学位论文的要求，对博士研究生的学位论文答辩从严要求，实行预答辩制度和双盲审制度，在预答辩过程中，学院专家从论文选题、论文研究创新点、论文的工作量等视角进行考察。学院制定具体的答辩要求和流程，并细化毕业论文写作的标准，保障研究生毕业论文的水平。将学位答辩同毕业答辩分离，对于允许学位论文不过关的研究生毕业后继续申请学位论文答辩，但有时限要求，博士研究生的年限为 3 年，硕士生研究生的年限为 1 年。

3）创新实验班教育

为了培养少而精的高层次人才，学校对有潜力的学生进行小班培养，在兼顾学生的个性条件下，集中优秀教学资源，帮助学生进行学术兴趣的寻找，引导其成为高层次的研究型人才。目前的创新实验班有 3 种类型，分别是理科实验班、农业工程实验班、农村区域发展实验班。

（1）理科实验班。

在培养目标设定方面，理科实验班致力于培养拔尖创新型人才。理科实验班的专业方向分为信息科学和生命科学两个方向，信息科学专业的学生挂靠在信息与电气工程学院，生命科学专业的学生挂靠在生物学院。中国农业大学作为高水平的研究型大学，有责任创造各种条件培养学生的创新能力，引导少而精的学生走上科学研究的道路，而实验班就是其实现责任的具体形式。理科实验班注重学生个性，低年级不指定专业，并允许学生在高年级自由选择专业。对低年级学生提供厚实的基础知识教育，拓展其知识面；对高年级的学生提供宽口径的专业教育，培养学生的科研能力和创新意识，为学生本科毕业后进一步深造奠定坚实的学术基础。

在培养方案实施方面，增加培养过程中学生的自主权。对理科实验班的学生实施导师制，对学生的学习实行学分制管理。学生可自主选择专业、课程以及学习进程，个人意愿得到充分尊重。学生的学习分为基础教育和专业学习两个阶段，专业分流在第二学年进行。在第一个阶段，学校单独配备优秀师资，强化学生的数理分析能力，提升学生的外语水平以及计算机水平；在第二个阶段，学生可在导师指导下进行专业的选择，学生选定专业以后按照相应专业规定的课程选课，并和普通班一起学习。

在教学管理方面，配备优异的教学资源，采用多种教学方式。基础课程的教学均由优秀教师和知名教授负责，英语课程聘请外籍教师教授。改变教学方式，不局限于课程授课，鼓励教师使用多样的教学方式，丰富课程考核方式，适当增加论文考察比例。实行动态进出机制，按阶段对学生进行综合测评，对测评结果不合格的学生或者违反校规校纪的学生进行淘汰处理，将其转入普通专业学习；对于成绩优异，符合实验班要求的学生，也可以转入实验班学习。从毕业生的就业情况来看，实验班的毕业生大部分都选择继续深造，免试攻读硕士的毕业生比例较高，超过了 50%，赴国外求学的毕业生择校比较顺利，且部分获得了全额奖学金。

(2) 农业工程(中美联合培养)实验班。

在培养目标方面，农业工程专业的学生定位为国际化水平较高、专注农业工程的复合型人才。参与该项目的学生不仅有掌握数理化等基础科学知识的要求，而且还要具备先进的技术知识和工程技能，同时通过中美联合培养模式，学生还会接触国际最新的专业知识，成为加入高层次国际人才市场的国际化人才。

在培养方案实施方面，中美联合培养采用"2+2"分段模式，农业工程项目的美国合作高校为美国普渡大学(Purdue University)。普渡大学历史悠久，名人辈出，在国际上享有很高的学术声誉，其农业工程专业的排名居于全美前列。中国农业大学本身的农林类学科实力较强，同普渡大学的合作培养能够很好地发挥各自的优势。该项目前两年，学生在中国农业大学进行骨干课程的学习，主要包括数学、化学、力学等基础课程，以及外语课程和部分人文课程。在项目的后两年，学生按照普渡大学的培养要求，进行主修课程的学习。两所大学建立学分互认机制，对于主修课程合格的学生同时授予两所大学的学士学位。对于毕业的学生，中国农业大学鼓励其在本校进行硕士和博士的攻读，同时不少毕业生也有到美国普渡大学继续学习的机会。

(3) 农村区域发展(国际发展)实验班。

中国农业大学人文与发展学院在国际发展教育与研究上具有深厚的积累，该机构长期致力于发展研究与教学工作，作为中国第一个肩负国际发展任务的机构，从 20 世纪 80 年代的国际发展咨询与培训，90 年代的农村发展研究与教育，一直到进入 21 世纪后设立的中国第一个国际发展教育项目，该专业创立了国内第一个、也是迄今唯一一个系统的从本科到博士，从针对国内学生到涵盖国际学生的国际发展教育、研究与咨询体系。其中，本科国际发展方向"实验班"的设立，是该机构对于当前中国在国际发展环境中处境变化的一个迅速反应，为探索中国国际化发展人才的培养模式和途径先试先行。

在培养目标方面，该专业方向旨在培养一大批具有国际视野，掌握当前国际发展理念与理论、方法与技能的发展研究、管理和实践的高端人才。毕业生预期能独立完成问题的识别与分析、解决方案设计与选择、方案的实施及检测评估等各项活动，尤其在发展规划、培训交流、协调组织、项目实施与管理中凸显专业技能，并具备对于多元文化的理解能力和国际化的交流能力，把握当前国际发展问题的前沿信息。毕业生可适应各种发展机构，可前往相关国际发展机构、国内多种发展机构(包括政府、公司企业、非营利组织、社区组织等)及研究机构等。

在培养方案实施方面，该专业的课程分为三大板块，分别是国际发展研究理论、国际发展研究方法、国际发展时间与项目管理。培养方式为课程学习、实践教学(农村实践、国际发展机构实习、海外实习)和专业讲座。该项目的教学特色是国际合作教学及参与式教学主干课程使用双语教学，外语教学使用英语与法语，并且使用原版教材，一些核心教学以英文授课，以小组团队工作及课程实践相结合的课程讲授方式进行教学。本项目在对学生的培养过程中，多次举办了国际发展研究前沿讲座，国际发展研究前沿讲座邀请本院来自国外的兼职教授以及合作院校的其他教授进行讲授。

在教学实践计划方面，本专业学生具备海外实习机会。从一年级开始制定大学实践的学习计划，包括国际机构实习计划。专业实践分散在三个夏季学期中进行，主题分别为"发展问题认知""发展实践认知""发展干预实习"，配合专业人士的讲座。专业实践过程中，确定长期联系的国内外国际发展机构，并签订实习合作协议。学生将在该机构作为志愿者实习1~1.5年，毕业论文在专业实践的基础上形成。

3.2.2 南京农业大学的卓越农林人才培养

1)学校背景简介

南京农业大学历史悠久，截至2018年，南农的研究生教育已走过了82年的历史。学校由金陵大学农学院和中央大学农学院合并而来，金陵大学农学院于1936年开始研究生的培养，中央大学农学院的研究生教育于1940年开始。两校于1952年合并为南京农学院，后改名为南京农业大学。南京农业大学是"211"工程建设高校，同时也是教育部直属重点大学。师资力量优厚，研究生培养条件优异，大师级人物辈出。现有4个一级学科国家重点学科，3个二级学科国家重点学科，1个国家重点培育学科。研究生建设成果突出，专业门类齐全。该校现有13个博士后流动站、16个博士学位一级学科授权点、31个硕士学位一级学科授权点，培养研究生的学科专业涉及农学、经济学等10个学科门类。

2) 卓越人才培养实施策略

根据教育部下发的关于卓越农林人才计划项目批准的通知，南京农业大学入选试点高校名单，并同时有专业入选拔尖创新型人才项目和复合应用型人才项目；入选"拔尖创新型农林人才试点项目"的专业有 4 个，分别为农林经济管理、植物保护、农学、农业资源与环境，入选"复合应用型农林人才试点项目"的专业有 4 个，分别为动物科学、食品科学与工程、园艺、动物医学。南京农业大学通过召开"卓越农林人才培养计划实施方案专家咨询会"，参照国内一流高校相关"卓越计划"项目的培养方案，根据国家创新创业教育的要求，结合江苏省品牌专业建设要求和本校办学特色，对卓越农林人才培养计划的实施制定了基本的指导意见。

在指导思想上，坚持科学发展，坚持服务"三农"，本着"以人为本、德育为先、能力为重、全面发展"的原则。按照"世界眼光、中国特色、南农品质"的办学理念，以加强创新创业教育和实践教学环节为着力点，努力推进本科生和研究生教育的融会贯通，校内外资源的有效利用和第一与第二课堂的有机衔接，持续改进教育教学方法，不断深化农林人才分类培养模式的改革，为国家生态文明、农业现代化和社会主义新农村建设，培养品德优良、崇尚科学、能力突出、基础扎实、具有开拓的国际视野和社会使命感、综合发展的高层次卓越农林人才。

在基本原则方面，制订培养方案，依托学校现有的本科专业人才培养方案，根据卓越人才培养要求，按照卓越拔尖创新型和复合应用型人才分类培养的模式进行调整。强化农业特色，将学校办学定位、人才培养的总体目标以及农业学科的优势融入培养方案和课程体系设计中，以凸显人才培养特色和优势，提升专业的核心竞争力。优化课程体系，根据社会经济发展和人才培养规律，按照卓越人才培养的要求，全面优化课程设置，确保课程体系的完整性、教学内容的先进性以及本硕博课程体系的贯通性。加强创新训练，充分利用学校教育资源和农业学科等领域的科研优势，进一步将学科前沿知识和研究方法转化为课程资源。鼓励学生参与学术研究，培养学生的科研兴趣，提高学生的科研创新能力。加强实践环节，设置多种类型的科研和实践训练项目、增设学校和农业科研机构、企业协同培养学生的教学环节，培养学生的创新精神，提升学生的实践能力和解决实际问题的能力，完善创新创业人才培养体系。开拓国际视野，提高外语水平要求，聘请国外优秀教师，落实双语教学，开拓学生的国际视野，提升学生国际交流、合作能力。

南京农业大学的卓越人才培养特色可以概括为以下六个方面：

一是明确卓越人才培养目标。参照专业原有人才培养目标，加强对卓越农林人才的培养要求，加强对学生外语水平、交流能力与国际化视野、创新创业能力、科研创新能力、实践能力的培养；强化学校与科研院所、企业协同育人机制，增设卓越拔尖创新和复合应用课程模块要求。

二是根据卓越农林人才培养的理念和要求，在学校现有本科专业人才培养方案的框架和总学分要求基础上，修订卓越农林人才培养方案。对于拔尖创新型卓越农林人才，参照原有的人才培养方案，在必修的集中性实践教学环节中增加创新创业设计项目，学生至少须获得 2 学分的创新创业项目学分。卓越拔尖创新型人才培养班的创新创业设计项目，由学校与科研院所通过协同培养人才等方式实施。卓越拔尖创新型人才培养班在外语方面原则上要求须全部通过英语六级，并按高起点班组织英语教学。卓越拔尖创新人才注重国际化培养，在专业教育、拓展教育环节须设一定数量的全英文课程，全英文课程由自己老师开设或聘请国外教师开设，也可以通过国内外合作培养的方式实施；卓越拔尖创新型人才培养方案增设国内外学科前沿讲座课程模块，以拓展学生的国际化视野，参加卓越人才培养计划的全体学生必须完成，听完 16 次讲座计 2 学分，但不计入总学分。拔尖创新人才的讲座聘请国内外知名高校、科研院所的知名专家讲授。在原来的校外实习、毕业实习、毕业论文的过程中引入校外单位和科研院所进行联合培养。对于复合应用型人才，参照原有的人才培养方案，在必修的集中性实践教学环节中，增加创新创业设计项目，学生至少须完成 2 学分的创新创业项目。卓越复合应用型人才培养班的创新设计项目包括国家、省大学生创新训练项目、校级 SRT 项目、校级实验教改项目等，学生完成以上项目可以获得创新创业项目学分，获得的学分数须达到相关规定。卓越复合应用型人才培养班的创新创业设计项目，由学校根据生产企业需要解决的技术问题而设立，通过学校和生产企业协同指导等方式实施。卓越复合应用型人才培养班外语要求须全部通过英语四级。卓越复合应用人才培养过程应与国内外生产实际紧密结合，在专业教育、拓展教育环节、实践性教学环节可聘请双师型教师或国内外知名企业教师授课或在企业完成授课；卓越复合应用人才的毕业论文(设计)题目应来源于生产实际。卓越复合应用型人才培养增设国内外讲座课程模块，以开拓学生的国际化视野，参加卓越人才培养计划的全体学生必须完成，听完 16 次讲座计 2 学分，但不计入总学分。

三是根据各专业的要求确定卓越人才培养的实施方式。原则上采用实体班方式实施，以便班级教学的组织。单独组建成的卓越农林人才教育培养计划试点班级(实体班)，按新组建的班级进行管理和安排课程。培养方案实施具有开放性，没有进入试点班的学生，当其修读的课程符合该专业卓越农林人才培养的要求时，也能获得试点班学生同样的待遇。单独组班的卓越农林人才教育培养计划试点班级的学生，每年根据考核成绩动态管理，学生因学习能力不够或其他原因可以申请退出卓越农林人才教育培养计划试点班。学生经批准同意后退出试点班回到相关专业的，在试点期间修读成绩的认定及课程补修，参照南京农业大学本科生转专业规定的要求实施。卓越农林人才教育培养计划试验专业如采取开放试点方式，学生依据修订的卓越农林人才培养方案的要求组织教学与管理，学生只要修完卓越农林人才培养方案中的全部课程，符合卓越农林人才培养方案所有要求，即可毕业。但部分需统一授课的课程及教学环节因授课时间无法统一会有冲突，其学习安排由学生自行解决。

四是按要求落实教学保障。按照卓越农林人才培养的要求，对重要的教学环节，如对学生国际化视野的开拓，创新创业能力的培养，科研创新能力的培养，学校与科研院所、企业协同育人等，各专业要保障落实到位。对各个环节教学的效果按照目标要求进行有效评价和测量，并进行持续改进。

五是实施配套的教育教学改革。引入导师制，探索小班教学的可行性，鼓励教师使用多样化的教学方式，改变填鸭式的教学模式，开展启发性的教学活动，挖掘学生的学习潜能，提高学生自主学习能力。

六是促进农科教、产学研结合。建立农科教合作人才培养基地，设立双师型岗位，遴选与聘用双师型教师，推进各专业与用人单位、科研院所的深入合作，提高学生对农业科技创新活动的参与度，训练农林人才的实践能力。

3）创新实验班教育

金善宝实验班是拔尖创新本科人才培养的项目，南京农业大学从大学新生中进行选拔，选拔标准为优异的成绩、较强的自我管理能力和突出的学习能力，以及具备学术潜力。实验班由农学院开设，依托国家级重点学科和重点实验室，培养具备教学能力、胜任科研工作、熟悉生产管理的学术研究型人才。实验班为独立的行政班级，采用"3+X"培养模式，培养的年限根据学生的教育层次具体而定，本科生学习年限为 4 年，本硕连读学习年限为 6 年，本硕博连读学习年限为 8 年。实验班全员全程配备导师，使用最优质的教学资源，学习环境得到充分保障，学生的意愿得到充分尊重，教师使用因材施教的方法进行教学。实验班的学生在本科阶段即可享受学校提供的学习便利，在图书借阅、项目申报、奖学金评定等方面均有优待。对于本科学业成绩优异的学生，还可跨学院推荐到相关农学专业进行硕士阶段的学习。

草业国际班是南京农业大学和美国罗格斯大学进行本科生联合培养的新模式。该国际班的办学特点是"2+2"学习、中美联合培养，目标是培养出具有市场经营管理能力的草业科学的专业人才。草业国际班的学生有严格的选拔标准，入选学生本科阶段的前 2 年在南京农业大学完成相应的课程学习，第一阶段学习结束会接受一次考核，考核通过者，可申请到罗格斯大学进行 2 年的学习，考核结果不理想的学生则按照普通本科生的教学计划，继续进行草业科学专业的学习。国际班的学生在入校之初，学校即为全员分配学业导师，对学生的学习进行指导。对于成功赴美学习的学生，完成罗格斯大学的学业后，将同时获得两所大学的学位证书，表现特别优异的可申请在罗格斯大学继续攻读硕士学位。

3.2.3　华中农业大学的卓越农林人才培养

1) 学校背景简介

华中农业大学历史底蕴深厚，最早可追溯到光绪年间的湖北务农学堂。湖北务农学堂由湖广总督在 1898 年创立，专注于培养优秀农林人才。1952 年，我国高等教育进行院系调整，为了创立专业的农学院校，将中山大学等 6 所综合性大学的农学院部分科系分离，并和湖北农学院(现长江大学)、武汉农学院的全部科系合并组建了华中农学院，后更名为华中农业大学。该校自建立以来，教育资源丰富，目前为教育部直属高校，2017 年进入了"国家双一流"建设名单。华中农业大学的研究生教育起步较早，属于全国首批具有博士生和硕士生招生资格的高校。学校在工学、理学、农学、管理学四个学科门类均设有博士学位点，在经济学、法学、农学等学七个学科门类具有硕士学位授权资格。在专业硕士学位建设方面，成果显著，具有农业推广、兽医、工程等 8 种硕士专业学位授权资格。

2) 卓越人才培养实施策略

加强学位与研究生教育文化建设，改革招考制度，研究生复试考察应综合全面。改革培养模式，提升研究生教育的国际化水平，鼓励优秀研究生参与国家公派留学生项目，筹措建立研究生留学资助专项基金，增加优秀研究生的出国学习机会。强化导师队伍建设，建立常态化的导师培训制度，强化研究生培养的过程管理，增强教育管理部门的督导检查力度。深化研究生教学改革，调整课程结构和内容，重视研究生思想政治教育。提升研究生的学术水平，增加举办研究生教育论坛的频次；提升教学管理的信息化水平，增强教育管理部门的服务能力。完善以导师作为第一责任主体的质量保障体系，建立研究生质量同招生指标分配之间的有效联结。适当延长博士研究生学习年限，结合华中农大大部分学科人才培养周期长的实际情况，由原来的 3～4 年修定为"博士研究生基本修业年限为 4 年，达到学校规定要求可提前至 3 年，最长不超过 6 年(含休学)"。为支持研究生创新创业，新生申请保留入学资格的年限由原来的 1 年修订为 1～2 年。研究生必修课程和环节考核不及格的取消补考，必须重修，博士研究生累计 2 次资格考试不合格的，做退学处理。

3) 创新实验班教育

"张之洞"班是华中农业大学为深化教育体制改革，加强高素质综合性人才培养而开办的创新型实验班。张之洞班以培养领袖型人才为目标，在尊重学生个性化发展的前提下，培养学生扎实的人文素养、出色的创新精神、对科学浓厚的兴趣，并有意识地训练学生的团队合作意识。张之洞班分文管类和农科类两类，实行独立的培养和考核制度。经济管理学院、外国语学院、文法学院入围成员组成文管类张之洞班，挂靠在经济管理学院；植科院、动科动医学院、资源与环境学院、园艺林学学院、水产学院入围成员组成农科类张之洞班，挂靠在植物科技学院。培养过程和教学细则由两个学院制定，考核内容更加综合全面。在教学管理制度方面，张之洞班作为华中农业大学的创新实验区，更注重民主管理，为促进张之洞班更好地发展，学校及学院相关领导每学期都会组织开展"师生研讨会"，选派学生代表，就关于张之洞班的教学管理等相关问题开展充分讨论，实行"你提意见，我来改变"的良好政策，实现在教学理念、管理机制等方面的大胆创新。

　　实施方案方面，只有相关基础课程和通识课程采用大班教学的方式，其余课程均为小班教学，张之洞班单独配备师资，独立教学，增加学生同教师之间交流的机会，提升授课效率。分年级配备导师，低年级（一、二年级）按班级安排一名老师担任班主任，对学生的生活和学习进行指导，高年级按学生人数配备导师，对学生的学业和人生规划提供建议。张之洞实验班的授课老师，均为学术造诣高、教学水平高的校内优秀老师，同时聘请外校知名教授到校举办讲座，拓展学生的眼界。张之洞班注重扩大知识面的实践教学，提供更多的实践发展机会和充分的第二课堂教学，学校为张之洞班提供有专门的教学资源进行实践教学，例如组织参观辛亥革命纪念馆、红楼，培养学生的爱国情操，将乡村旅游与思修课程结合，更深入地了解我国新型农村发展状况，跨年级联合举办素质拓展活动，培养学生的责任意识、团队意识和创新精神等。

3.3　卓越农林人才培养的总体评价

3.3.1　卓越农林人才创新能力培养的评价

　　创新是指提出新的思路和想法，并利用现有的物质条件，创造出可以更好地满足社会需求的事物，并且能获得一定效益的行为。邱雅和杨希（2016）认为创新基本遵循"产生—执行"这一路径，个体创新行为本质上就是个体表现出的新颖行为，不仅表现为创新思想的产生，还有创新思想的推广和发展。有创造力的人才能带来生产效率的极大提升，甚至能带来产业的革新。高校毕业生作为教育素质高、有活力的群体，其创业工作一直是教育领域的民生工程，农林类院校也将毕业生的就业创业质量作为双一流建设平台的体现。

1) 多数学校毕业生双创工作的开展效果良好

为发挥典型示范作用，切实增强学生的创业意识，培养学生的创新创业能力，对创业服务工作进行指导，教育部在 2017 年对高校的年度创新创业工作进行了总结，经过评选，产生了全国创新创业典型高校 50 所，农林类院校入选的高校有 3 所，分别是华南农业大学、四川农业大学和山东农业大学。这三所大学除了四川农业大学为一流学科建设平台外，其余两所均为双非院校，这说明学生的创新创业水平和学校的学科实力并不是直接相关的，而主要受到高校促进创新创业举措的影响。

山东农业大学发挥项目驱动作用，通过项目路演大赛确立大学生创新创业实践项目，包括校级项目 75 项、院级项目 290 项，直接资助经费 40 余万元。为发挥赛事对学生创业的拉动作用，以培养学生的创意思路、创新精神、创造能力、创业意识和创富理想为核心，该校策划举办了第二届"新思路"大学生创意大赛、第四届"新生力"大学生科技创新大赛、第三届"新业态"互联网+大学生创新创业大赛、第二届"新农人"农科类大学生创新创业大赛、第二届"新品味"食科类大学生创新创业大赛。为增强创新创业训练，该校成功举办了"山农 A+"双创论坛 10 场次，多次开展"泰山创客训练营"，组织了 40 余名学生参加创业培训，举办了 1 期创业师资培训班，与泰山创业工场、济南国际创新设计产业园、贝沃集团等单位签署了合作协议，共同创建了创业实训基地。

四川农业大学注重培养学生的双创意识，并将创新创业的教育贯穿到大学生教育的全过程。为加强创新创业指导，该校建立了就业与创新创业课程教研室，构建三层次的双创知识体系。通过各种科研项目、活动大赛，培养学生的实践能力，加强校地、校企合作，着力双创平台建设，充分满足学生对场地、设备、仪器等的要求。

华南农业大学建立了一整套长效工作机制，全方位地促进学生的创新创业。该校建立了创业孵化基地管理委员会，对创新创业举措进行归口管理，对资源进行统一调度，提升了学校资源的使用效率。学校设立了大学生创业基金，向政府、企业、个人等筹集资金，对大学生创业项目给予充足的资金支持。该校积极组建创业专家指导团，指导专家来自行业专家、学校导师、双创工作管理专家、律师群体等，为大学生提供了技术、经营管理、组织建设、法律意见、优惠政策等全面指导。学校修建创业孵化基地，修建了一幢建筑面积为 2000平方米的孵化大楼，为大学生创业活动提供场地支持。同时，学校密切跟踪大学生的创业工作，培育和扶持典型，进行舆论建设，利用典型的力量推动创新创业工作，并注重创业文化的建设，开展创业竞赛活动，增加大学生对创业活动的热情。

2) 农林类院校依托 "2011 计划"，积极构建协同创新平台

"2011 计划" 即高等学校创新能力提升计划，是我国高等教育系统的第三项国家工程。该计划于 2012 年启动，项目的核心任务为提升高校创新能力，具体以人才、学科和科研为抓手，通过构建协同创新模式，突破高校机制体制壁垒，释放人才资源、创新要素的活力。各农林高校构建协同创新平台的典型为东北林业大学，东北林业大学利用自己的林学优势构建了 "林下经济协同创新中心"；该校组建了 "2011 计划" 办公室，领导协同创新平台的构建，办公室以区域和国家发展需求为导向，以协同创新项目为着力点，集中各类资源，汇聚优秀创新人才，并不断推动国际化合作和交流；办公室牵头组建了 "林下经济协同创新中心"，协同相关单位利用林下经济平台推动了东北林区经济的转型。"林下经济协同创新中心" 被认定为黑龙江省省级 "2011 协同创新中心"。

3) 学生创新创业能力有明显提升

本书以中国农业大学、东北农业大学、福建农林科技大学、南京农业大学为例，展示不同学校的创新创业支持政策，以及创新创业政策实施效果。中国农业大学以培养具有农科特色的创新创业青年人才为目标，以政策、场地、资金、师资保障为支撑，统筹学校的教学与科研，加强平台建设与管理服务体系建设，积极开拓创新创业教育新模式。东北农业大学立足农科优势，积极拓展创新创业实践基地，与嫩江县人民政府合作共建 "嫩江东农科技创新中心" 和 "农业综合实验展示核心基地"，与农垦红兴隆管理局合作共建 "红兴隆东农科技创新中心" 和 "农业综合实验示范基地"，与绥化市北林区永安满族镇鑫诺瓜菜种植农民专业合作社开展 "互联网+农业" 高标准示范基地产销对接服务。多渠道、多形式培养学生创新精神和创业能力，使学生成为 "懂农业、爱农业、爱创业" 的新型农业科技人才。福建农林科技大学 2016~2017 学年共举办创新创业培训、沙龙等活动 154 场，参加学生超过 2 万人次；承办了 2017 年中国（福建）高校创新创业教育改革高峰论坛和第三届福建省 "互联网+" 大学生创新创业大赛；与知名校友合作共建海上丝绸之路创新创业学院，提供创新创业信息交流、人才培养、导师培训、项目开放以及优质创业项目培育与投融资扶持等服务。南京农业大学围绕 "面向全体、深入专业、分类培养" 的双创教育理念，进一步实施课程体系、实践平台与文化建设三者统筹、系统推进的创新创业教育模式，着力搭建多元化双创实践平台，积极推动双创文化建设，加强双创教育工作内涵建设，取得了积极成效。

4) 农林高校毕业生的创业情况分化明显

一方面是优秀毕业生创业成果显著，涌现多种创业典型。农林类院校的学生的创业成果一般有两类，第一类是在校生参加的创业项目，第二类是毕业生创立

的企业。中国农业大学 2017 年度创新项目立项众多，且级别较高，国家级创新创业项目为 303 项，市级创新项目 102 项。学生参与创业活动的积极性较高，超过 85%的本科生参与过各类创新创业活动。创新创业成果显著，学生通过创新项目申请专利 20 项，其中包含发明专利、实用新型专利、外观设计专利和软件著作权多种类型。2017 年度，学校有 80 名大学生自主创业，212 人参与创业。2017 年东北农业大学有 27 名毕业生自主创业，100 余名毕业生在校友创业企业就业。福建农林大学 2017 届毕业生中有 133 人自主创业，创业率为 2.05%，2017 年全校本科学生共获得国家级竞赛奖项 288 项，省级奖项 229 项，在中国高校创新人才培养暨学科竞赛评估结果中居第 67 位、全国农林高校第 2 位。南京农业大学涌现了一批创业典型，南京渔管家物联网科技有限公司创始人、在读博士陆超平，入选南京市高层次创业人才引进计划，获得 50 万元资助、100 平方米写字楼及一套人才公寓的三年免租使用权；在读博士许磊创办的农业生物技术网络平台获评南京市青年大学生优秀创业项目，获得 30 万元资助；本科毕业生赵春宇组建的地瓜小筑团队和在读本科生李积珍组建的“微山湖生态缸”团队分获雨花台软件谷大学生创业路演大赛第一名和秦淮区首届青年大学生创业大赛第二名。

另一方面，一些学生开办的创业企业运营情况不容乐观。各农林类综合院校毕业创业动机趋同，根据最新的大学生创业调查统计显示，“实现个人理想”是毕业生准备创业的最主要动机，其次是“自由的工作方式”和“预期较高的收入”。不同学校的毕业生的创业企业的运营情况呈现出不同的特点。从创业行业的角度来看，呈现出多元化分布，同学校的优势专业相关度不高。华南农业大学 2017 届毕业生的创业行业集中在批发零售业，占比超过 50%；其次是信息技术相关行业教育行业，占比约为 26.57%；在文化、体育等其他领域创业占比最低，约为 14.29%。山东农业大学“创意小店”是毕业生创业主要领域，比例达 50.00%，其次是“科技服务”，比例为 33.33%，其他选择比例较少。四川农业大学 2017 届毕业生主要集中在“农、林、牧、渔业”行业和“服务业”，其创业领域与所学专业一致或相关的比例为 58.62%。就创业企业的运营状况来看，整体运营状况不太乐观。以华南农业大学为例，据最新的调查结果显示，2017 届有 34.48%的毕业生创业企业尚处于筹备阶段，有 32.76%的企业存在一些问题，但在可控范围之内，29.31%的企业运转良好，有 3.45%的企业存在很大困难。就创业企业的盈利情况来看，呈现投资额和盈利额双高的局面。华南农业大学 2017 届创业毕业生平均投资 41.78 万元用于创业，平均年利润 24.34 万元。其中投资额最高者达到 500 万元，年利润最高者达到 500 万元。

5) 农林类综合院校整体创新能力有待继续提升

2017 年 12 月 14 日，中国高等教育学会在杭州发布高等学校创新人才的学科竞赛结果。该竞赛收集了各高校的创新创业项目，并利用教育部发布的大学生竞

赛项目为参考材料。根据公布的 2012～2016 年本科部分的竞赛结果来看，前 300
的排行榜单中，农林类院校仅有 14 所入选，农林类综合院校整体表现较差。前
100 榜单中只有 4 所排名相对靠后的农林类院校，分别是华南农业大学(49)、福
建农林大学(67)、东北林业大学(71)以及华中农业大学(80)。前 200 榜单中，新
上榜的只有东北农业大学(166)一所农林院校，剩下的入选农林院校排名均在 200
名开外。在 250 名以内新上榜的大学有 4 所，具体为南京林业大学(206)、西北农
林科技大学(216)、北京林业大学(232)以及浙江农林大学(239)。在 250 名开外的
有 5 所，具体为四川农业大学(268)、南京农业大学(276)、河南农业大学(277)、
湖南农业大学(282)以及吉林农业大学(291)。前 300 榜单中，农林类院校占整个
榜单的比例仅为 4.67%。农林类综合院校里排行最好的为华南农业大学，排名为
第 49 名，而传统的农林类强校中国农业大学甚至没有上榜。这就说明单以竞赛项
目来衡量学生的创新能力，农林类综合院校的学生整体的创新能力处于较低的水
平，并且存在创新能力同学校的学科发展水平不一致的情况。

3.3.2　卓越农林人才科研能力培养的评价

由于数据的可得性较差，直接以毕业生在企业的研发表现来衡量其科研能力
难度比较大，而毕业生在校时进行的科学研究，也是科研能力的体现，故本书从
农林类综合院校的科学研究成果包括项目、论文和专利来进行评价。

1)科研项目同学校层次显著相关

农林类综合院校按照学校层次划分，可以分为双一流高校、一流学科建设平
台和普通高校。这三个层次高校所接受的教育部经费差距明显，双一流高校得到
的经费支持最多，一流学科建设平台次之，最低的是普通高校。科研经费对一个
学校的科研能力有重大影响，且科研能力的提升和锻炼需要以各种项目为支撑。
以双一流高校中国农业大学为例，该校科研经费充足，科研项目较多，项目级别
较高，承担了国家科技重大专项项目，实施"973"计划、国家科技支撑计划等多
项国家计划，开展了公益性行业科研专项、国家自然科学基金以及教育部、北京
市等其他省部委的科研项目。相比之下，其他学校研究项目的层次明显更低，数
量更少。

2)农林类综合院校科研能力逐渐增强

农林类综合院校整体上的科研能力不断提升，科研成果的数目和质量都有进
步。通过对农林类综合院校近几年的科研成果进行总结，收集到的数据表现出了
逐渐增加的趋势。以南京农业大学为例，从 2015～2017 年的学术论文发表数量来
看，文章数量有了显著的增加，学校平均影响因子也有了略微的提升。2015 年度

单从科学引文指数(SCI)收录的学术论文来看,以南京农业大学作为第一作者单位的文章数高达 1161 篇,平均影响因子约为 2.93,最高影响因子达到 38.276。2016 年度被收录的学术论文数增加了 258 篇,达到了 1419 篇,平均影响因子向上波动至 3.12,最高影响因子有所下降为 23.634。2017 年度被收录的学术论文增加到 1578 篇,平均影响因子有所回落为 3.05。整体来看,南京农业大学研发成果在质和量上均有所提升。从授权专利来看,2016 年的整体数量同 2014 年相比有量的飞跃;和 2015 年相比,数量持平但授权专利的类型更加丰富。按年度统计来看,2014 年度申请发明专利 9 项,未在国外申请专利;2015 年度在美国拥有发明专利 2 项,在国内申请发明专利 119 项和实用新型专利 107 项;2016 年度在国外发明数量持平为 2 项,在国内申请专利类型更加丰富,申请发明专利 156 项、外观专利 1 项以及实用新型专利 107 项。

3) 多层次、多学科、多类别的科技创新平台体系初具雏形

农林类院校通过教学实验示范区和实习基地的建设,对本科生进行实践能力培养。现已形成以国家重点实验室、国家地方联合工程实验室和国家野外观测台站为引领,教育部重点实验室为支撑,其他省部级科研平台为特色,校级科研机构为补充的多层次、多学科、多类别的科技创新平台体系构架。在实践教学平台建设方面,华南农业大学、华中农业大学、南京农业大学实践教学平台的级别和数量相仿。华南农业大学建有多级别的试验教学示范中心,其中,国家级中心 4 个,省级中心 21 个;校外实践教学基地两类,国家级基地 2 个,省级基地 30 个;为配合卓越农林人才培养计划,建有农科教合作人才培养基地 4 个,应用型人才培养示范基地 3 个。华中农业大学建设的国家级教学示范中心也为 4 个,但省级教学示范中心数量相比较少为 10 个。南京农业大学的国家级实验教学中心略少为 3 个,省级为 13 个,校级为 3 个,同时建有农科教合作人才培养基地 15 个,其他学校的实践教学平台的数量也已初具规模。

4) 注重提升服务社会能力,积极促进科技成果转化

在促进产学的融合方面,目前的农林类院校有两种模式:一是建立技术转移中心,搭建一个技术成果与企业需求匹配的平台;二是建立创新创业园,对有生产价值的创意产品提供一个投融资平台。第一种模式做得比较好的是南京农业大学。该校 2009 年建立了一个技术转移中心,该中心是为促进农业科技成果转化和进一步提升南京农业大学服务江苏社会经济发展能力的产学管理服务机构。目前已建成南京农业大学-康奈尔大学国际技术转移中心,并与 7 家企业构建了合作平台,有效促进了有市场前景的农业技术在中国市场内的商业推广。第二种模式运行比较出色的是东北林业大学,该校于 2016 年建立了大学生创业园,并组织了创业项目比赛,学校挑选校内外专家组成评审组对参赛创业项目进行指导和评审。

创业园作为一个沟通平台,将创业者和投资机构联系起来,可以有效地促进成果的转化,而配备创业导师的方式,又给创新创业的学生指明了方向。创新创业放到网络上去做,可以突破地域的限制,将资源有效地整合。同时东北林业大学为提升服务社会的能力,学校科研院在现有科研管理办法的基础上,进一步加强内部管理制度的完善,积极开展科技成果的推广和转化工作,编制可产业化的科技成果汇编,参加各类科技成果推介、展示活动,一方面广泛地宣传学校现有优秀科技成果,促进成果转化和产业化,另一方面有效地提高了学校的知名度,促进更多的高新技术企业对学校的认识和了解,为将来的深层次合作研究和技术开发奠定了基础。

3.3.3　卓越农林人才实践能力培养的评价

实践能力是指在发展过程中升华形成的人的基本活动技能。实践是个人或团体为实现目标而做出的有计划的行为。施菊华(2015)指出实践能力的培养,重点在于解决问题的能力,解决途径为综合运用所学的知识。而真正体现学生解决问题能力的,则是毕业后的就业情况。本书从 2017 届各农林类综合院校毕业生的就业情况着手,分析各农林类综合院校学生的实践能力,以研究生毕业生的就业情况为主,进行对比分析。

1)农林类综合院校整体就业情况良好

整体上,2017 届研究生毕业生的就业表现良好,单看就业率指标,研究样本除北京农业大学外都显著地超过了 90%,甚至北京林业大学的硕士生和博士生的就业率都接近 99%。按硕士的类型来看,专业型硕士的就业率要略好于学术型硕士,因为专业型硕士的实践教学更多,实习时间也更长;按学历层次来看,硕士和博士的就业率有所差异,但没有明显的趋势;按就业形式而言,硕士生的深造率要明显地高于博士生,这说明博士毕业生更多地选择直接进入社会进行工作(表 3-8)。

表 3-8　农林综合学校 2017 届研究生学历层次的就业率

大学	硕士			博士		
	就业	深造	就业率	就业	深造	就业率
中国农业大学	83.05%	13.34%	96.39%	68.21%	28.47%	96.68%
南京农业大学	79.94%	15.03%	94.97%	90.28%	1.21%	91.49%
华南农业大学	86.52%	9.27%	95.79%	87.95%	4.82%	92.77%
北京林业大学		6.92%	98.15%		6.92%	98.80%

大学	硕士			博士		
	就业	深造	就业率	就业	深造	就业率
东北农业大学	84.24%	11.34%	95.58%	90.72%	5.71%	96.43%
福建农林大学			96.26%			96.15%
华中农业大学			93.75%			90.00%
山东农业大学			96.99%			97.26%
北京农业大学	79.36%	8.63%	87.99%			88.72%

资料来源：各农林综合院校官网发布的 2017 届毕业生就业质量报告，空白处表示数据缺失。

农林综合院校学生的就业具有以下特点：

第一，性别和学历差异明显。农林类综合院校就整体研究生而言，男女生的性别比差异并不高。但就不同学历层次来看，硕士研究生中明显女生占比更高，而博士研究生中男生则要远远超过女生。根据华南农业大学的 2017 届就业质量报告，本硕博三个教育层次整体上毕业生中男性略少于女性，男性 5055 人，女性 5192 人，女性比男性多 137 人，整体男女性别比为 1∶1.03。按学历层次来看，本科生层次男女性别比为 1∶1.02，男女性人数的绝对差异为 91 人；硕士生层次，男女性别比为 1∶1.14，男女性人数的绝对差异为 75 人；博士生层次，男女性别比为 1∶0.48，男女性人数的绝对差异为 29 人，男生人数超过了女生人数的两倍。无论总体还是各学历，除博士生是男性多于女性外，其他学历的女性均多于男性。这说明女性对教育的评价存在拐点，对硕士生教育的评价最高。在各个学校的就业报告中，也普遍观察到了女生就业率明显低于男生就业率的现象。在华中农业大学的研究生就业质量报告中，在学历层次单项分类中硕士总体就业率（93.33%）＞博士就业率（90%）；在性别单项分类中男生就业率（95.23%）＞总体就业率（93.33%）＞女生就业率（91.77%）。

第二，优势学科和优势专业就业优势明显。综合 11 所农林类综合院校的毕业生质量报告，可以观察到各学院就业率差异十分明显。以西北农林科技大学为例，按学院口径进行就业率的统计，对于研究生层次，最高的是葡萄酒学院、动物科技学院和马克思学院，其就业率都达到了 100%，其次是农学院、水利与建筑学院和植物保护学院，都超过了 98%，而就业率最低的学院外语系只有 83.3%的就业率。就不同学科类别的就业率来看，农学的就业优势也最明显。以华南农业大学为例，农学的就业率最高（96.15%），其次是工学（95.96%），社会科学类（95.27%）。这说明对于农林类综合院校，农林类专业的研究生的培养效果要比非农林类更好。

第三，毕业生主要在学校所在区域就业。一般毕业生的学校知名度在学校所在区域知名度最高，而且高校的本地生源占比也较大，所以毕业生大多会选择在学校所在区域择业。以北京林业大学为例，60.89%的毕业研究生选择在北京地区就业,剩余地区就业比例为东部其他地区(22.17%)＞西部地区(9.51%)＞中部地区(7.27%)。再以东北农业大学的研究生毕业生为例,2017 届研究生大量流向哈尔滨、大庆、齐齐哈尔、绥化、牡丹江等省内经济发达地区,特别是留在哈尔滨市的研究生占比达到了 81.82%,而流向黑龙江省边远地区和森工系统的毕业生数量较少。

2) 学历对毕业生的就业情况有明显影响

随着学历的提升,毕业生更加专业化,就业和自己专业的相关度明显提高,农林类综合院校的大部分专业和农林类相关。观察毕业生进入各行业的从业情况,有助于我们了解农林类院校人才专业优势是否得到了充分的发挥。如下表 3-9 所示,本书选取了农林牧渔业、教育业以及科学研究与技术服务业三个行业进行具体分析。农林牧渔业是同农林类综合院校优势学科相关度最高的行业,教育业则可以衡量农林类综合院校毕业生的教学能力,科学研究与技术服务业可以侧面反映毕业生的研发能力。对比本科生和研究生,可以看出三个行业均是研究生的从业比例显著地高于本科生。分行业来看,农林牧渔业研究生的从业比例普遍是本科生的 2～4 倍,可以明显看出随着学历的提升,毕业生更加专业化,就业和自己专业的相关度明显提高;教育行业也是类似的情况,差距最大的学校研究生从事教育行业的比例是本科生的 4.33 倍,反映了研究生的专业水平和教学水平都得到了提升;科学研究与技术服务业对科研能力要求较高,本科生专业深度和科研能力很难符合要求,只有不超过 6% 的本科生选择这个行业,而研究生的从业比例大部分学校都超过 10%,华中农业大学甚至接近 20%,这说明研究生的科研能力得到了充分认可。

表 3-9　各农林类综合院校 2017 届就业行业分布

大学	农林牧渔业		教育业		科学研究与技术服务业	
	本科生	研究生	本科生	研究生	本科生	研究生
南京农业大学	7.95%	24.53%	7.12%	15.16%	5.30%	11.46%
四川农业大学	15.40%	41.34%	6.35%	13.24%	4.19%	10.78%
东北农业大学	12.05%	29.26%	7.29%	15.50%	2.93%	9.28%
福建农林大学	5.95%	16.18%	5%	14%	3.60%	13.84%
华中农业大学	8.53%	22.87%	7.27%	17.89%	2.26%	19.44%
山东农业大学	5.72%	12.55%	5.18%	8.65%	4.01%	10.11%
北京林业大学	11.83%		8.36%		5.51%	
东北林业大学	3.41%	6.85%	7.86%	34.07%	3.12%	15.93%
西北农林科技	17.38%	20.13%	9.52%	20.71%	3.31%	10.48%

表 3-10　各农林类综合院校 2017 届研究生就业行业分布

大学	农林牧渔业		教育		科学研究与技术服务	
	硕士	博士	硕士	博士	硕士	博士
福建农林大学	16.56%	4.55%	12.37%	50%	13.70%	18.18%
华中农业大学	24.23%	12.24%	12.19%	62.59%	19.75%	17.01%
北京林业大学	7.69%	12.68%	14.72%	50.74%	10.77%	18.65%

由表 3-10 可以看出，硕士毕业生和博士毕业生的就业情况也有所差异。博士毕业的主要就业单位为高等教育单位，教育行业从业占比为各种行业中最高的；农林牧渔业硕士生的从业比例整体上要高于博士生，且差距较大。这说明硕士毕业生的实践能力和应用能力更强，而博士毕业生的科研能力和教学能力更出色。

不同学历层次就业单位类型差异较大，不同学历层次的毕业生呈现不同的就业特点。2017 届毕业生最主要的就业去向是企业（包括国企、私企、外企等），大部分的农林类综合院校本科生去企业的比例高于研究生，且进入企业的类型比较复杂，专业相关度不高，这说明农林类综合院校的本科目前还主要是通识教育，本科毕业生的专业特色还不明显。研究生进入党政机关的比例平均水平在 7%左右，高于本科生的平均水平 3～4 个百分点；研究生参与创业的意愿与本科生相比，没有稳定的趋势，受不同学校的创业环境和气氛的影响较大。以东北林业大学为例，该校建有创新平台，研究生的创业意愿明显得到加强，这说明毕业生的创新能力同学校提供的各类资源支持有明显关联。

表 3-11　各农林类综合院校 2017 届就业单位性质

大学	党政机关		企业		创业	
	本科生	研究生	本科生	研究生	本科生	研究生
中国农业大学	2.74%	9.72%	26.55%	42.73%		
南京农业大学	3.75%		91.22%	65.63%	0.08%	0.26%
四川农业大学					0.52%	0.99%
东北农业大学	2.61%	3.47%	53.48%	52.66%	0.43%	0.21%
福建农林大学	2.68%	2.68%	79.25%	62.85%		
华中农业大学	5.73%	4.13%	91.25%	61.56%	0.63%	0.38%
山东农业大学	4.77%	7.19%	65.15%	46.77%	0.35%	0.19%
北京林业大学	4.58%	9.89%	86.32%	70.01%	0.62%	
东北林业大学	1.93%	6.78%	92.17%	45.32%	0.35%	2.01%
西北农林科技	1.50%	6.79%	48.10%	44.78%	0.74%	0.46%

3）基层就业形势良好

农林类综合院校围绕国家战略需求，积极引导和鼓励毕业生参加"选调生、大学生村官、征兵入伍、西部计划"等国家基层就业项目，到祖国最需要的地方去建功立业，实现人生理想。通过深入细致的思想政治教育及活动引导，越来越多的毕业生选择到西部地区和艰苦边远地区县以下基层单位工作，投身西部建设、到基层建功立业成为更多毕业生的选择。以两所院校为例，2017 年北京林业大学研究生毕业生赴中西部地区、东北地区和艰苦边远地区就业创业 240人，比上年增加 127 人；"京津冀协同发展"地区 952 人，比上年增加 82 人；"一带一路"地区 272 人，比上年减少 6 人；"长江经济带"200 人，比上年增加 9 人；北京市村干部（选调生）21 人，比上年增加 5 人，其他省（市）选调生 2人，比上年减少 7 人；西藏招录计划 6 人，比上年增加 4 人；新疆招录计划 1人，比上年增加 1 人；合计 1694 人次，比上年增加 215 人次。福建农林大学毕业生中入选福建省选调生 69 人、大学生村干部 106 人、省级"三支一扶"19 人、志愿服务西部 6 人、服务福建省欠发达地区 7 人、服务社区 8 人、入伍 15 人，总数居福建省高校前列。

硕士生对国家基层就业项目更加积极。一方面，通过三年时间的学习，相比本科生，学术水平和实践能力都有了更大的提升，更能匹配基层岗位的要求；另一方面，通过研究生的学习，使得硕士生对自己的人生价值有了更深的认识，服务社会的意愿会更加强烈。而博士生的教育更加偏向学术理论方面，一般是按照研究型人才的标准培养的，所以博士生更多的是进行科研和高等教学，去基层的较少。

4）毕业生对就业情况比较满意

整体上毕业生对学校的总体评价感到满意，其中研究生的满意度明显高于本科生。从学校教育教学方面来看，毕业生的满意度基本都超过了 90%；从就业服务工作来看，毕业生的满意度也超过了 90%。从不同学历毕业生工作的专业对口程度来看，本科生"不对口"比例较高，博士生所从事的工作与所学专业的匹配程度最高。以华南农业大学的调查结果来看，其 2017 届本科生所从事工作与所学专业匹配程度得分为 3.51 分，硕士生得分为 3.83 分，博士生得分为 4.29 分。从签约行业或工作的专业相关度来看，毕业生的就业行业同专业相关度高，对签约单位满意度高。华中农业大学 74% 的研究生签约的工作行业或工作岗位与专业相关。就业行业人数分布较多的是农林牧渔业（22.67%）、科学研究和技术服务业（19.21%）、教育行业（16.97%）。已签约的研究生中，对签约单位有 82.1% 的人基本满意，13.2% 非常满意。对工作岗位有 80.2% 的人基本满意，14.0% 的人非常满意。

从对自身能力满足工作需求的程度来看，毕业生对自身的相应能力评价较高。对于目前工作需求而言，四川农业大学 2017 届毕业研究生认为重要性排名前十位的能力依次为：口头表达、书面写作、信息搜集与获取、团队协作、科学分析、逻辑推理、阅读理解、发现和解决复杂问题、倾听理解和时间管理；而自身这十项能力满足目前工作需求的程度均在 84.00% 以上，满足程度处于相对较高水平；其中"阅读理解"的满足度较高，达到 100.00%。

用人单位对毕业生综合素质较认可，整体满意度较高。不同行业的单位对毕业生的评价有差异，以福建农林大学为例，评价最高的为饮料制造业、文教体育用品制造业、交通运输业等，评价最低的为建筑业、居民服务和其他服务业。不同用人单位类型对毕业生认可度有差异，以福建农林大学为例，事业单位认可度最高，私营企业认可度最低。综合几个学校的情况来看，用人单位主要从职业道德、知识结构、工作能力三个维度来对毕业生的表现进行评价。职业道德方面，主要对学生的违约情况进行了考察；知识结构主要涉及计算机运用水平、英语掌握水平，工作能力方面用人单位比较看重的有"工作态度""学习能力""团队合作精神""稳定度及抗压力"等指标。毕业生这些指标得分都较高，能满足用人单位的要求。

5) 待遇水平同学历和学校层次显著相关

综合研究样本来看，农林类综合院校毕业生的待遇水平同学校层次和自身的学历显著相关，其次还受到了学校所在地经济发展水平的影响。就学校层次而言，研究样本中属于双一流大学的学校有两所，一所是中国农业大学，另一所是西北农林科技大学。属于一流学科建设平台的高校有六所，分别是华中农业大学、南京农业大学、北京林业大学、东北林业大学、四川农业大学、东北农业大学。剩下的福建农业大学、华南农业大学和山东农业大学属于双非学校。一般规律为双一流大学的毕业生收入最高，一流学科建设平台次之，最低的是双非学校。同在东部地区的南京农业大学和华南农业大学相比较，南京农业大学的硕士毕业生月薪总体均值为 6597 元，5000 元及以上为主，比例合计约 77.64%，而华南农业大学的硕士生中较为集中的薪酬区间为 4001～6000 元 (45.68%) 和 6001～8000 元 (30.23%)。就学历水平而言，博士的收入最高，硕士次之，最低的是本科生。以华南农业大学为例，本科生中有 48.70% 的学生月薪在 4001～6000 元，硕士生中较为集中的薪酬区间为 4001～6000 元 (45.68%) 和 6001～8000 元 (30.23%)，而博士生的薪酬水平主要集中在 6001～8000 元 (42.86%)，并且薪酬在 8001 元以上的比例最高。就学校所在地经济发展水平而言，发达地区的学校的毕业生的平均工资要明显高于经济落后地区的毕业生。

3.4　本 章 小 结

（1）根据最近两轮的学位评估结果来看，农林类学科的发展呈现出新的趋势。大批非农院校参与了农林类学科的竞争，其中浙江大学参与度比较高，且农林类学科发展水平已经达到了上层的水平；传统的农林类专业与其他学科的结合趋势得到进一步增强；非农院校对农林类学科的建设热情高涨，且有的学校的农林类学科发展已处于全国领先水平；农林类综合院校实力对比整体保持稳定，少数高校的学科实力有显著进步。

（2）有关高校围绕"卓越农林人才教育培养计划"展开了卓有成效的教学培养模式改革。为提升高等农林教育水平，教育部、原农业部、原国家林业局共同组织实施了"卓越农林人才教育培养计划"。根据第一批入选高校和专业来看，十二所研究高校各有侧重，突出自身的办学优势，结合高质量农林类学科的发展方向，通过农林教学与科研人才培养制度改革，推动本科生教育和研究生教育的有效衔接，着重培养农林人才的创新能力和科研能力，优化人才培养方案，利用生物、信息等专业的发展改造传统农林类专业，使卓越农林人才跨学科发展，掌握更多解决复杂问题的能力。

（3）样本高校围绕各自的学科优势，培养有自身特色的专业人才。中国农业大学进一步丰富农林类专业门类，巩固农林类专业的优势地位，非农学科和农林类学科的跨学科发展取得了长足的发展。华中农业大学专注农科的学科优势，以发展生命科学为特色，借助农、理、工等多学科协调发展，逐步形成了传统与新兴学科深度融合的发展格局。浙江大学是一所特色鲜明、研究水平突出、国际上影响力较大的综合型、研究型大学，其学科涵盖哲学、经济学、农学等十二个门类。南京农业大学农林类学科交叉发展势头良好，拥有一大批农林相关的学科，且学科发展水平比较高。西北农林科技大学农林类学科种类齐全，注重产、学、研结合，积极寻求国际合作，研究成果突出，学科发展良好。华南农业大学聚焦区域农业研究，以生命科学和农业科学为抓手，促进农林类学科和其他学科之间的融合发展。东北农业大学突出农科优势，重点建设食品科学和生命科学两个特色学科，注重不同学科协调发展。北京林业大学林学历史积累深厚，学科水平优势突出。东北林业大学依托林科的学科优势，建设林业工程学特色学科，已经成为农、医、艺等学科门类相结合的多科性大学。四川农业大学是一所以生物科技和农业科技为优势，多种学科协调发展的"世界一流学科"建设高校。福建农林大学科研力量雄厚，植物学和动物学学科发展位于世界一流学科地位。山东农业大学是农业部和山东省人民政府共建高校，注重学科基础研究。

(4)农林类专业本科教育的个性化、精英化和国际化水平有所提高。招生类型多样化，招生要求更加注重学生的综合素质；办学方式更加国际化，少数本科生教育向精英化发展；班级设置方式更加灵活，不再囿于按具体专业进行分班；本科生管理出现新的模式，由独立的学院管理转为统一集中管理；精品课程的打造进一步加强，优质教材的编撰进一步推进；网络教学资源进一步丰富，慕课(MOOCS)课堂的打造获得高校的积极响应；国际合作更加广泛，合作形式更加多样；创新人才培养模式，对有资质的学生实行"少而精、高层次"的教育；依托人才培养项目，对学生的个性化发展进行引导；通过多种措施训练学生的创新创业能力；构建多方合作平台，构建学生与企业的有效联动；奖助体系逐步完善，类型丰富；奖助资金来源广泛，社会团体、个人和企业积极支持本科生教育；奖助学金管理模式逐步改善，出现了新型的资金管理模式；农林院校的质量保障水平参差不齐，大部分水平较低；大部分农林院校质量保障意识不够，单一依靠内部质量控制制度，质量保障约束机制不强。

(5)农林专业研究生教育培养类型更加丰富。招生规模不断扩大，专硕招生规模急剧扩大；招生类型逐渐增多，硕士和博士入学方式有明显区别；录取计划的个性化增强，培养模式同培养目标显著相关；培养类型逐渐增多，复合型、应用型人才的重要性日益凸显；培养形式日趋多样，硕士培养经费来源广泛；培养目标趋同，多层次的培养体系难以形成；培养方法双轨制，专业型硕士和学术型硕士研究生的培养方式差异明显；学位论文的要求更加严格，对研究生的学术水平要求更高；助学金覆盖度更高，保障力度更大；助研和助教岗位的重要性更加凸显；对优秀论文的奖励力度更大；奖助学金均向全日制学生倾斜；学业奖学金基本全覆盖，且额度较高；对国际交流项目的资助体系更完善；研究生质量外部保障呈现新特点，但研究生教育质量评价方式比较单一。

(6)各高校形成了一套成熟的研究生教育与管理体系。该体系涵盖学术型硕士研究生、专业型硕士研究生以及博士研究生，对农科教育发展起到了榜样示范作用。在顶层设计方面，树立品行为先、重视能力、全面发展的培养理念；在师资建设方面，严格审核研究生导师招生资格，全面考察导师的培养能力；在培养模式改革方面，结合学科特点修订培养方案；在人才培养过程方面，明确培养定位，实行弹性学制；改革招考制度，选拔优秀生源；深化教学改革，丰富教学资源；完善研究生补助办法，体现导师负责制；强化博士论文质量管理，改进毕业审核程序。大学通过实验班推进研究生教育的改革，目前这些实验班的培养目标更加精准，实施方案更加个性化和国际化，教学组织管理形式更加灵活，学生的深造就业情况良好。

(7)农林类综合院校整体创新能力不强，少数学校创新创业工作完成较好，学生创新创业能力受到多方面的培养，依托"2011计划"构建协同创新平台，促进科研创新能力提升，毕业生创业成果显著，涌现多种创业典型，创业企业表现不一，运营情况不容乐观。农林高校的科研能力同学校层次显著相关，整体上近年来科研能力逐渐增强，多层次、多学科、多类别的科技创新平台体系初具雏形，注重提升服务社会能力，积极促进科技成果转化。农林类综合院校整体就业情况良好，学历对毕业生的就业情况有明显影响，基层就业形势良好，毕业生对就业情况普遍较满意，整体上毕业生对学校的总体评价感到满意，待遇水平同学历和学校层次显著相关。

第 4 章　卓越农林人才培养模式的设计

4.1　卓越农林人才的培养目标

人才培养方案是人才培养的根本依据，它指导着学生培养的各个环节；而培养目标是人才培养方案中最重要的部分，它明确人才培养定位，是设计学生培养活动的前提。培养要求应与培养目标相一致，不同类型的人才培养目标不同，其对应的培养要求也有所不同。培养目标是人才培养方案制定的前提条件，明晰的人才培养目标，能更好地引导整个培养过程。

4.1.1　拔尖创新型农林人才的培养目标

随着社会的进步，传统的人才观已经不能充分适应目前的社会需求。人才的定义和评价标准也在发生着变化，变化的人才观包含了对人才创新精神和创新能力的要求，高等教育人才往往被社会评价为缺少这部分能力。一直以来，我国高等教育所培养的人才的创新潜质不够，人才素质与社会需求脱节的现象依然存在。针对这些问题，我国教育部主导的高等教育改革已开展多年，创新人才培养模式是社会进步的需求，也是各高校不可推卸的责任。

1）拔尖创新型农林人才定位

拔尖创新型农林人才的显著特征是具备拔尖的创新能力，并能够将创新能力转化为社会进步的动力，具备创新能力的拔尖人才是我国社会主义建设事业中的核心和骨干。随着中国经济体量的提升，我国的人才需求转向需要更多的高素质创新人才，而人才市场对高尖端人才的供给相对不足，难以满足市场对高尖端人才的需求。因此，在我国积极建设创新型国家的形势下，作为主要人才培养基地的高校更应该注重对拔尖创新人才的培养。李志义等(2013)对精英人才进行分析，并指出精英人才应当是具备对国家和民族的担当意识、宽泛的知识储备、出色的综合素质的国际化人才，在思想上应支持先进文化，成为经济、政治、文化等各领域的领头羊。马跃和王丰(2013)从三个方面对拔尖创新型人才进行定义，全面发展、创新能力、拔尖水平共同构成了拔尖创新型人才的内涵，三者应协调发展，缺一不可。朱冰莹等(2016)将研究对象聚焦为卓越农林人才，并指出农林类的拔尖创新型人才应具有三方面的特质：具有开拓创新的广而深的农业科技知识；研发出成就卓著的农业科技成果；富有引领农业科技发展的能力。

基于上述学者对拔尖人才的定义，本书认为拔尖创新型的卓越农林人才的素质应包括三个方面，一是宽口径的农业知识的"T"形结构，二是在现实背景下利用理论创新生产的能力，三是全面的综合素质，从这三个方面着手，才能培养出爱农业、能创新的拔尖创新型卓越农林人才。

2) 拔尖创新型农林人才培养目标设置原则

面向国家农业现代化发展需要。农业现代化一直是农业建设永恒的话题，随着中国农业加入国际化竞争舞台，乡村振兴战略的实施，都对农业从业人员提出了更高的要求。而传统农业发展存在发展速度慢、从业人员素质低、科技水平不高等问题，培养科研能力强、农业知识宽厚、热爱农业、综合素质高的拔尖创新型人才就成为各高校刻不容缓的任务。拔尖创新型人才的培养目标设定应面向农业现代化发展需求，把个人科研过程同农业现代化的现实需要结合起来，培养学生对农业的情感，培养出真正促进农业快速发展的拔尖人才。

夯实通识基础，重视实践能力和创新素质。拔尖创新型人才不应好高骛远，其实践能力是人才的基本要求。实践能力的培养应当是"厚基础、宽口径、强素质"相互促进，有效协同，扎实的基础是后续培养的基础，宽口径的专业培养能构建宽泛的知识体系，较强的综合素质有利于人才全面发展。农业生产中的问题要求实操性，解决实际问题的实践能力对农林类人才格外重要。卓越农林拔尖创新型人才同其他类型人才有所区别，强烈的创新意识和勇敢的创新精神是其最明显的特点。创造力的培养，天赋固然重要，但不是决定性因素，后天的培养也可以塑造人才的创新思维和创新能力。通过基础理论的教授，不断开阔学生的视野，使用科学的实践方法，不断将学生接受的训练内化为其创新潜质。

重视培养质量，坚持优胜劣汰。人才培养的质量是由培养过程的每个环节综合决定的，只有严格把控每个培养环节，才能保证每个毕业生都达到了相应的标准。不可通融的底线标准为培养合格人才提供切实保障，同时也为人才的成长预留空间。高校的人才培养目标不宜好高骛远，在培养底线的守护上，高校应适当设置淘汰制度，在重要的培养环节进行考核，对不合格的学生应延长学习时限或进行淘汰处理。通过淘汰制度，提升学生学习的积极性，构建良好的学习氛围，为创新型人才的培养提供健康的培养环境。构建多层次人才培养体系，拔尖创新型人才适合精英教育模式，是培养少数高尖端人才的途径，不适合作为整个学生群体的培养目标，选拔具有潜力的学生进行个性化培养，培养出拔尖人才。对于资质较好的学生，训练其应用能力，鼓励跨专业学习、辅修相关学位，引导其成为复合应用型人才；对于极少数条件优异的学生，进行小班特殊培养，打通其深造、出国学习的渠道，奠定其成为拔尖创新人才的基础。

促进学科交叉，推进跨学科培养。学科是人为划分的，随着研究的深入，越来越多问题的解决需要跨学科的相互合作。学科交叉是学科建设的新发展趋势，学科交叉提升研究问题的全面性，解决了部分研究问题跨学科的问题。而跨界培养是人才培养的新趋势，通过跨学科的培养，有利于学生拓展思路、增强创造力。

注重国际视野、国际竞争力的培养。随着经济全球化的进一步深化，国家之间的竞争加剧，提升人才的国际化水平是高校急迫的任务。拔尖创新型人才作为高尖端人才的主要群体，其培养目标应该重视人才的国际意识。拔尖创新型人才的培养，应该在培养过程中引入国际元素。研究领域应瞄准国际前沿，进行多元的文化体验，拓展国际视野、训练国际合作能力，培养出不惧国际竞争、与时俱进的拔尖人才。

总之，在设置拔尖创新型人才的培养目标时，应体现各学科的人才培养要求，转变单一目标模式，设定问题导向的复合目标，结合自身条件，分层次进行人才定位。我国目前的农林类院校资源禀赋存在较大差异，存在明显的分层现象，教学资源向层次较高的院校倾斜。不同层次的院校应根据自身实际情况，以办学条件为基础，依托自己的优势学科，利用建有的科研平台，有针对性地设置拔尖创新型人才的培养目标。

4.1.2　复合应用型农林人才的培养目标

卓越农林人才培养计划中指出，要构建多层次的人才培养体系，面向农业现代化需求，培养能服务新农村建设的复合应用型人才。而各农林院校目前工作重心都在拔尖创新型人才的培养上，在复合应用型人才的培养方面投入和重视程度都远远不够，培养方法传统，人才定位不准确，实践教学不到位等问题突出。在高校的教学工作中，复合型人才的培养不同于创新型人才的培养，应注重出色的实践能力和适度的创新精神，培养具有社会责任感的复合型人才。

1）复合应用型农林人才定位

复合应用型农林人才是掌握了农林类专业的基础理论和专业技能，且具备现代农业生产各环节技术，能够从事研究、管理、经营、推广等工作，具有一定创新能力的复合人才。对实践能力的高要求是复合应用型人才的基本特点，对农业生产需求的良好匹配是复合应用型人才的另一要求。复合应用型人才的培养应面对现代农业的需求，覆盖现代化农业企业运行的全过程，从生产技能的运用到企业组织的管理，构成复合应用型人才的综合能力。

2) 复合应用型农林人才培养目标设置原则

服务地区行业产业需求。我国地域辽阔，且各地区自然资源禀赋不一，客观造成了地区间的农林类产业的差异性。而农林类专业是一个大类的概念，其中包含的二级学科种类繁多且特点各异。不同的二级学科的培养目标应当同国家和地区行业产业需求相一致，根据农业现代化的具体要求，进行复合应用型农林人才的培养。

强调应用能力，推进分型培养。复合应用型人才的内涵同拔尖创新型人才有较大的差异，且两类人才的就业行业有巨大的差异。不同于拔尖创新型人才多进入农林类的科研所和高等教育机构，复合应用型人才主要是选择企业进行就业，因此对不同就业意向的学生进行分型培养具有很大的必要性，在学生的培养目标设置上应具有更多的弹性，在专业基础教育和通识教育的基础上，对学生进行区别培养，使更多的学生能享受到符合个性化、特色化发展的优质教育资源。

重视一专多能，学用结合。农林类高校人才的培养不能脱离学生本专业的特征，掌握本专业的理论和技能应当放在复合应用型人才培养的首要位置。但单纯的本专业实践技能的培养是一般学生的培养要求，复合应用型人才对学生的复合应用能力也提出了要求。如果学生自主学习应用条件不优、动力不强、能力不高，致使人才质量与社会需求有所脱节，就业适应期较长。这就要求人才培养目标设置时，既着眼全局，又应有所侧重。

满足农业企业的人才要求。农业教育应当是"学必期于用，用必适于地"，农林类专业有"农、科、教三结合"的办学特色。而与农业企业联合，与高层次人才基地班相适应，并行创办复合应用班，才能更好地匹配企业的现实需求，有针对性地进行相应能力的培养。在人才培养目标设置时，参考农业企业的用人要求，有利于为相关企业委托培养专属多用的复合应用型人才。

着眼实践能力培养，多层次丰富学生实践能力。目前农林类院校开展的一些课程验证性实验居多，综合性、创新性、个性化实验比重偏少，致使实验"碎片化"现象严重。实验室实验为多，生产实践比重偏少，因而造成理实脱节的问题。而实践能力是复合应用型人才的基础要求，对实践能力的培养应当重实质轻形式，重心在生产实践能力的培养上。在培养目标设置上，应重视实践能力培养，并将实践能力内涵具体化，以便更好地指导人才培养过程。

4.1.3　实用技能型农林人才的培养目标

为全面建设小康社会，我国正处于新型城镇化的进程中，社会主义新农村的建设需要更多的技能型人才。国家的中长期规划中明确指出，要扩大三种类型的人才培养规模。为了满足国家农业现代化的需要，配合地方经济社会发展，更好地服务生产一线，高等院校在进行卓越农林人才培养时，应当对三种类型的人才均给予足够的重视，完善人才培养体系，扩大各类型人才培养规模。

1) 实用技能型农林人才的定位

实用技能型农林人才应服务农业生产一线的需要，不仅生产技能过硬，而且懂设计和管理。实用技能型人才的培养活动，应是以技能为中心，行业为依托，市场为导向的人才培养活动。郭春华等 (2016) 指出实用技能型人才需要具备五个方面的能力：基本应用能力、实践创新能力、沟通协调能力、表达能力和环境适应能力。实用技能型人才的培养呈现两个基本特点，一是实用性，实用技能型人才的能力培养应匹配岗位要求，培养合格的人才应胜任基层的岗位；二是操作技能突出，实用技能型人才的实际操作技能应当出色，能够解决生产中的难题。

2) 实用技能型农林人才培养目标设置原则

强调实践能力，塑造核心技能。实用技能型人才所要求的实践能力和复合应用型人才所要求的实践能力是不同的，复合应用型的实践能力重在理论同生产实践的结合，而应用技能型人才的实践能力则是实用技能型的。首先，实用技能的目标体系应当通过对基层农业部门岗位需求的调研，建立实用技能的目标体系；其次，应将实用技能清单分为核心技能和拓展技能两类，重视核心技能塑造。在培养目标设置上，应当区别复合应用型人才的实践能力要求，明确实用技能型人才实践能力的内涵，重视核心技能。

满足农业基层生产一线的人才需求。实用技能型人才的培养应当满足地区行业发展的要求和农业基层生产一线的需求。各农林类高校应当根据自己的实际情况，将优势专业同区域优势产业相结合，面对基层生产一线的需求对应地进行人才的培养。因此，实用技能型人才的培养目标应当随着农业的发展情况的变化而变化，时刻保持培养目标的现实性和有效性。农林院校要重视与用人单位的联系，实用技能型人才培养目标的设置应该同用人单位的需求相匹配，明确岗位的技能，增加实践教学环节和实践训练，在培养过程中关注同行业企业对学生的评价，实现学生毕业即就业的无缝对接。

结合学生意愿，注重个体的个性化发展。实用技能型人才的培养应当有所侧重，在人才的核心技能要求上，全体学生都应严标准高要求，但在学生其他能力培养上，应尊重学生的个性。根据学生兴趣爱好及特长，结合个人意愿和教师意见开展个性化教学，将个性化教学理念贯穿到整个教育教学工作中。培养目标的设置应当为学生的个性化发展留有余地，在核心技能养成的前提下，给予学生自由发展的空间。

关注知识积淀与情怀养成。专业知识的积淀是决定一个人具备什么样的专业水平和能力的重要因素，而专业情怀则是决定一个人是否能够坚持在自己所从事的专业领域不懈奋斗的重要因素。我国是一个农业大国，在农村、农业和城市生态建设中，都需要有许许多多具有农业情怀、生态情怀的建设者。实用技能型人才的就业岗位多在农业基层，比起拔尖创新型人才和复合应用人才来说，工作条件更为艰苦。在这种情况下，只有真正让学生看到农林知识对生产的指导作用和意义，培养学生的责任意识和对职业的认同感，才能让学生沉下心，一心一意搞农业生产建设。在培养目标的设置中，应给予对农业情怀的养成足够的重视。

4.2 卓越农林人才的培养方式

自高等教育进入大众化阶段过后，高校培养农林人才的人数有明显的增加。由于农林专业人数增加，相关专业数量呈增加趋势，各高校便存在专业设置相似、培养目标相似、人才培养方式缺乏创新等问题。同时，卓越农林人才培养方式也未能表现出因材施教、层次分明的特点，各个专业特色不明显，从而导致培养的农林人才专业基础不够扎实、专业面窄、适应力和创新能力欠缺。因此，探索出新的卓越农林人才培养方式具有重要的现实意义，高效、持续、积极的培养方式应当包括以下几个方面的内容。

4.2.1 跨学科综合培养方式

跨学科综合培养方式应坚持以下两个培养目标。一是保证学生具有牢固的农林专业的理论功底并且同时拥有一定的复合型知识结构储备，积极关注并善于学习和借鉴其他学科的研究知识；二是保证学生具备特殊思维的观察力、敏感的质疑精神，以及全面的思维方式和坚持不懈的品格。其中，卓越农林人才培养的核心重点之一便是学生的跨学科思维及思考能力。只有具备一定的复合型多学科知识体系，学生才能突破个人的局限性以及认知的简单性，从而对事物的关联性和整体性有更深入、更透彻的了解，以便更容易地运用复合型知识对问题进行筛选，去伪存真，这样由浅入深，从而形成自己独有的复合型跨学科知识视野和解决实际问题的能力。因此，要更高效地培养卓越农林人才必须首先建立一个合理的跨学科综合培养方式体制，这一体制的具体内涵如图 4-1 所示。

高校培养跨学科复合型人才的前提便是跨学科教育观念的合理树立。现阶段的高等教育模式是在专业设置的基础上形成的培养方式，依然有着明显的计划性与统一性的特点。高校在农林专业设置上自主权少，难以形成有效的高校专业发展和约束机制。就目前来看，虽然各高校农林方面的专业数量有了量的提高，但是实际上这些专业所覆盖的面却越来越窄，从而造成了毕业生难找工作、企业难

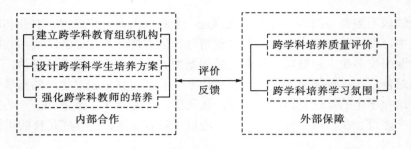

图 4-1　跨学科综合培养方式

以寻得人才等一系列问题。由此看来，相关部门应及时转变思想观念，积极调整相关农林专业设置，确保设置专业方向的合理性，扩展专业的面向，同时，还应适当将专业设置的权限下放给高校，使其发挥各自院校的特色，开展独立办学。对于相关高校来说，应该紧紧跟随政府政策要求的脚步，重点进行跨学科教育工作的开展，并且不断建立完善的高校跨学科农林人才培养体系，树立正确合理的跨学科教育理念，从而实现培养高素质农林人才的教学目标。

　　就高校内部跨学科培养体系的建立来看，跨学科农林人才培养往往超出了传统单一农林相关专业学科院系自我调节、协调的范围，从而需要打破学科界线，借助多个专业学院的协助才能完成，而这一过程毫无疑问需要学校的实质性介入，通过协调、沟通等方式，使跨学科农林人才培养能够顺利进行。而要大范围推动跨学科人才培养，就必须建立健全强有力的组织领导体系，以研究和解决跨学科农林人才培养中存在的问题。具体而言，就学校层面来看，学校可以成立跨学科人才培养领导小组和跨学科人才培养指导委员会。跨学科人才培养领导小组成员应由学校领导和相关职能部门负责人，及各专业培养单位的学科专家组成，主要负责指定全校整体的跨学科人才培养的大政方针，研究、协调和解决跨学科人才培养中遇到的宏观问题，并提出具体的建议和意见等。在院系层面，也应成立跨学科人才培养领导小组和跨学科人才培养指导委员会，从而解决院系内部跨学科人才培养过程中所面临的问题。无论是从学校层面来看，还是从院系层面的跨学科农林人才培养领导小组和跨学科农林人才培养指导委员会都要建设健全正常的工作体系与机制，从而为跨学科农林人才培养体系的构建打下坚实的基础。

　　跨学科教育要求的是坚持以人为本，注重学生个体精神的发展，以培育知识和创新能力相结合的复合型人才为其最终的落脚点。在跨学科农林人才培养的教育过程中，教授各类复合型知识是第一步也是重要的基础步骤，这便要求高校能够合理地开展课程设计，保证其在通识教育的基础上，学生可以学习与之关联学科的课程。同时，在现代大学跨学科教育设计和跨学科大学教育结构设计中进行适当的协调，才能使整个体系处于稳定、高效的状态。第二步是以学生为主体，使学生能够充分理解并且发挥各自在课程中的主体地位。在跨学科人才教育环境下，各类机构对于学生的培养模式也在不断更新，但其中主要的表现还是对于学生的知识多元化和课程趣味性的培养。在整个跨学科农林人才培养过程中，无论如何，教师始终都是一个关键的点。教师在传授一种理论或知识框架的过程中，可以适当结合跨学科方面的知识对问题进行更全面的分析和总结，从而激发学生对跨学科知识学习的积极性。同时，高校也应该积极创造这方面的环境，加强对跨学科教师培养的力度，同时还可以将跨学科进修纳入教师的考核体系中，以此来激励教师去学习和进步，使学生在跨学科学习和研究中能够从老师那里获得更全方位的帮助和指导。为了实实在在地推动高校跨学科综合培养体制，浓郁的跨学科学习和研究的氛围必不可少。高校可以召开各类跨学科学术交流会、跨学科研究生及导师交流会以及校外专家指导讲座和研究生内部交流讲座等。从结构上来说，学院可以在内部举办跨专业、跨学科学术研讨会，将不同的几个学院联结起来，一起举办跨学科学术交流会，当然，还可以由学校组织全校性大范围的跨学科学术活动。从形式上来说，学校还可以定期举办轻松愉悦的学术沙龙、常规性的学术讲座等。

跨学科农林人才培养的质量保证是人才培养的关键，其主要分为内部的运行保障制度和外部的评价制度，从而真正做到贯穿整个人才培养过程。就高校内部的运行保障制度来说，应做到培养制度有保障，高校应针对跨学科人才培养制定相应的管理制度和考核制度，进而保证跨学科农林人才的培养工作能够正常开展。其次是人力资源有保障，结合高校自身的师资以及生源现状，确保能够合理使用教学资源，将人员配置做到人性化以及效果最佳化。再次是投入资金的保障，由于各高校目前跨学科农林人才培养的经验有一定的不足，必然会在实施过程中出现很多问题，各单位应提供相应的资金支持。最后是教学设施的保障，跨学科人才培养势必需要大量的与之相配套的教育资源和工具，高校应积极改善相应的教学环境，从而使跨学科人才培养能够真正开展起来。同时，为保证农林专业跨学科人才培养的顺利进行，对跨学科人才培养结果的评价也必不可少，这里主要从下面两个维度来进行评价：一是横向评价，即对学生的综合审评（对学生毕业当时的相关情况进行审评），相关评价指标包括学生就业率、学位授予率、考研率等；二是纵向评价，即追踪综合审评（对连续几届的学生毕业后各方面发展的情况进行审评），评价指标主要包括学生就业满意度调查、职业晋升率、用人单位人才满意度等。

4.2.2　产学研合作培养方式

高等院校既是创新人才的聚集地，也是创新成果的策源地。高校如何以各自高水平的研究成果以及高素质的创新农林人才服务国家经济社会发展呢？其中最重要的便是跟随国家政策，坚持科学合理的发展，从而促进各高校的产学研合作。

将科研创新成果转化为现实生产力，转化为富国强民的根基，转化为普惠民生的实际应用，是各大高校培养农林人才的共同努力目标。高效的产学研合作培养方式体制要求更充分利用学校和企业各自人才培养方面的优势，从而可以高效地实现从以往课堂学习模式向从实际经验中学习和积累经验的培养模式转变，进而促进学生的综合能力、应用能力以及创新能力的提高，它的基本内涵如图 4-2 所示。

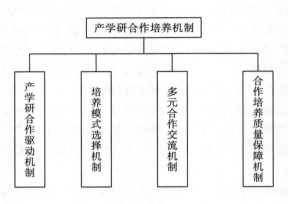

图 4-2　产学研合作培养方式

　　具体而言，产学研合作驱动体系是卓越农林人才培养的核心机制之一，这种机制能够确保产学研各合作方达成统一的见识，从而建立共同培养卓越农林人才的观念和目标。没有了产学研合作驱动机制，各方也就失去了合作动力。政府重视、政策扶持和市场需求是产学研合作教育的重要外驱力。一方面，各地方政府和教育机构应该制定多种产学研合作的政策和措施并通过相关媒体进行大力宣传。另一方面，政府也要着手营造良好的创新创业氛围，大力鼓励企业和一系列服务机构参与产学研合作，接受高等院校的技术转移，扶持新技术研发者进行创新创业，加大相关项目的投资力度，从而改善产学研合作的教学环境，如在大学周边建立高科技园区、工业实训中心、产品研究开发中心等，同时根据市场环境变化鼓励产学研合作有针对性地培养稀缺人才，从而促进产学研合作教育。产学研合作各方的利益关系和研发需求是产学研合作教育的重要内驱力。目前来看，产学研合作的内部矛盾主要表现为高校科研机构人力资源虽然充足，但是研究经费却相对不足，而很多企业拥有大量资金，但是却缺乏一系列高水平的研究型人才。因此，应搭建信息配对平台，平衡产学研合作方的相关利益关系以及研发需求，实现资源的有效配置，进而对产学研合作培养人才产生驱动作用。
　　建立包括产学研合作对象选择、人才培养模式选择和多元交流合作体制。其中，产学研合作选择体制很大程度上保证了产学研合作的紧密程度以及能否成功合作培养卓越人才。就合作对象的选择来看，产学研合作方在选择对象时不仅需要着眼关注合作方资源与自身的互补性来判断合作的可行性，还要充分考虑到人才政策、信任关系等多方面因素对合作多方产生的影响。在选择过程中，应积极避免一系列脱离产学研合作目标的选择形式。就各方合作模式的选择来说，不同的合作模式，各方所采取的教育模式和方法也不一样，因此，在确定合作模式时，应综合分析各方在技术研发策略和认识制度安排等因素的影响，以此决定采用何种模式。就利益分配选择来看，产学研各方可在合作中采取固定报酬、收益提成等多种报酬回报分配方式，尽可能共同实现合作各方的期望。高校的首要任务是培养高质量的人才，学校任何一项工作都离不开人才培养，因此，人才培养模式选择机制在产学研合作中也扮演着重要的角色。结合人才培养规律以及根据实际培养需要，高校可采取"三明治"模式(即实践—理论—实践)的工学交替形式、校内产学合作模式(在校内实训基地开展实训)以及助研模式(学生在学校教师的指引下，通过完成实际项目，如调研任务等，进而培养学生的实践能力和创业能力等，从而提高学生的综合素养)等来对卓越农林人才进行多方位培养。同时，为了提高产学研合作的质量和水平，建立多元合作交流机制便显得尤为重要。高校需借助这种产学研合作的机会，采取不同的模式，着手加强构建农林人才培养的多元交流渠道，进而打破高校、研究院和企业的壁垒。高校通过搭建这种平台，给予产学研合作各方成员一起交流讨论的机会，他们通过这种直接的技术性讨论、知识的相互碰撞从而有机会能够克服实际研发和生产经营中所面临的难题，同时也打破了传统院校较为封闭的教学模式。借此机会，各高校还应将视野拓展到国际前沿，积极搭建国际化产学研合作平台，合理推出中国创造，积极加入科技革命、产业改革的过程中，创造开放式多元化合作交流体系。

落实产学研各方合作的质量保障体制。要真正运用多方力量合力提高农林人才的培养质量，关键还在于要加强基于人才培养全过程的质量保障体系的构建。对于产学研合作内部来说，可从以下四个方面着手保证其质量：①选择产学研合作伙伴的谨慎性。产学研合作伙伴的水平高低，直接决定了各方联合培养农林人才的质量结果。所以，高校在选择产学研合作伙伴时，应重点观察那些具有比较强的内在需求、有着较高科研水平及研究能力的企业，从而能够为产学研合作的延续性奠定较强的基础。②产学研合作方向选择的重要性。高校在选择产学研合作方向时，应重点依托其学科的重大科研项目并且特别是要着眼于能够对接国民经济、行业共性技术的前沿问题。由此，学生便能通过参与这些具有挑战性的研究，帮助他们发表高水平论文，从而能够进一步增强其创新以及研究能力。③企业导师选择的高标准性。高校应聘请那些既对社会的重大发展技术要求有认知又有扎实理论基础的专家兼任学生导师，引导学生打下深厚的理论知识基础从而有能力为企业或者社会解决难题。④产学研合作日常管理工作的积极监督。高校不仅需要制定产学研合作各项工作的工作条款，明确培养方式、培养费用等方面的条款从而使得合作各方都能够了解其权利和义务，还要结合实际需求，对学生课程进行合理的安排，能够根据实际情况对学生的培养方案进行适当的调整。同时，对于产学研合作外部来说，政府机构以及相关教育媒体应及时建立评价指标对高校产学研合作培养结果进行准确的评价，通过相关媒体公开的方式对公众公示，同时针对面临的问题提出相应的建议及对策。

4.2.3　多元个性化培养方式

根据《国家中长期教育改革和发展规划纲要(2010—2020 年)》文件指引来看，高校更应对学生进行多元个性化培养，以顺应这个时代的需求。个性化培养模式不仅强调高校的共性教育，同时还强调了对学生自主发散思维、个性发展以及创新研究思维的培养。在当前形势下，培养出创新研究意识强、自主能力强的卓越农林人才已经成为各高校所共同面临的核心问题。因此，需要一个适合学生个体的"以人为本"的多元个性化培养机制。

首先，人才培养的理念框架对卓越农林人才培养模式的建立，发挥着关键的调控以及引导作用，各高校应强调基础的人才培养理念框架的构建。只有最开始明确卓越农林人才的培养理念，才能促使最后成功达成目标。高校还应积极对相关专业设置、教学体系等培养模式的具体要素要求进行指导，以便促使形成更为完善的人才培养机制。同时，高校要根据自身的定位和特色，发掘出符合各高校的个性化特点，并且适当借鉴相关的同等类型国外大学的先进人才培养思想，进而凝练出符合自身持续发展的个性化卓越人才培养理念，以便科学地设计各高校的相关专业培养方式。

其次，从高校具体的多元个性化培养模式来看，各高校的专业设置方式应在我国大学现有的模式基础上，进一步吸收国外农林类一流大学专业设置模式的特点，去其糟粕取其精华，逐步形成适合本校的专业设置模式。更具体来说：①调整专业分流时间，高校应给予学生一定时间对更多专业进行了解，让学生充分挖掘自己的潜能，一定程度上允许自主选择相关专业。②拓宽专业口径，高校应积极对社会各界的发展情况进行动态观察，充分考虑社会需要和学科发展，拓宽专业口径的设置，提高专业的社会适应性。③优化制度设计，高校应根据学生发展实际情况灵活设置并且定期修改相关制度，让学生在学校中有更多进行改变和面临挑战的机会。各高校的课程设置方式应着眼于各高校课程结构的调整，改变各种类型的通识课程的占比。目前，在我国大部分高校的课程结构中，政治课、体育课等在通识课中有着大量占比。所以，应相应地提高其他类型的相关通识课程(自然科学类和社会科学类等课程)的比例，这样的设置照顾到了每个同学的个性差异，从而保证学生各方面都有基础的涉猎。

再次，农林高校要进一步完善学分制改革。学分制体现了高校教育因材施教的特点，学校对学生的学习过程应给予一定程度上的自由(包括学习时限以及学习内容)。逐步完善高校内部的选课制度，适当提高选修课学分的占比，尽量开设多种多类选修课，发挥学生学习的自主性和自由度，调整选修课学分占比，激发学生的学习兴趣与学习热情。完善学分制所需的配套制度，在本科生教育阶段全面引进课业导师制度，鼓励学生参与各类各级的科研及创业项目的申报，增加学生访学交流的机会。在坚持现有小班教学的基础上，扩大实行小班专业教学课程的范围，将优质教学资源向多元个性化人才培养方式倾斜，提高小班教学的教学质量，在教学过程中突出学生的主体地位，引导学生发现问题和提出问题，提升学生的主动性，培养学生的创造性。

最后，高校的教学管理模式应强调树立以人为本、以生为先的教育理念，对以学院为主体的教学管理体系进行完善。大学的基本职能便是进行人才培养，那么培养卓越人才更应是高校进一步进行发展的起点。对于教学管理而言，由于各个院系的管理基层单位与各自的教学活动关系紧密，他们对于教学的现状以及学生感受更为敏感，因此学校应该适度适时下放学校的教学管理权，减少其直接干预，让院系在教学管理中发挥更关键的作用。要尊重学生的自主选择权：①赋予学生相应的知情权，让他们充分了解教学管理上的特点，以便其明确自己所享有的学习权和自由权。②给予学生选择权，发挥学生在课程中扮演的主导角色，在学校的指导下，让他们自由选择学习方式以及选修课程等。③给予学生参与权，学生作为整体教学不可或缺的部分，如果让学生参与教学管理，那么也在一定程度上为高校提高管理水平提供了重要的反馈方式。高校应在校园内构建一种全时空学习氛围，使校园生活的各个方面都与学生个人的全面发展紧密相连，让学生无论在课内还是课外都可以增进知识和陶冶情操，从而形成优秀的校园文化。同时，为了保证学生的主观能动性，高校还应建立相关的学生激励机制。在传统的教学中，学生往往处于被动状态，由老师安排任务、讲述方法等，而此种模式往往限制了学生的多元个性发展。高校应针对各自面临的状况，通过设立相应的鼓励条款、增设激励奖学金、提供证明等方法提高学生的积极性，同时通过学校各类宣传平台对学生给予激励，从而提升学生的积极性。

多元个性人才培养方案质量保障体制一定程度上对教师的教学和学生的学习发挥着指挥棒作用。就内部质量保证而言，教师应对学生整体学习过程进行全程性评价(学习中的知识、能力等发展水平)和综合性评价(学生课堂上表现以及课下个人研究成果等)，最后的期末成绩应由上述成绩综合构成，这样进一步强调了过程评价的重要性，从而使过程评价发挥了对教学活动的良性推动力。学校应设立相应部门对此人才培养模式进行相应的监管和评价，将反馈、矫正与调控教学质量和人才培养质量作为主要目的。就外部质量保障而言，学校应积极联系教育部和相关教育媒体对学校多元个性人才培养模式成果进行评价和公开，同时提出发展建议，为高校构建可持续的多元人才培养模式提供一定支持和帮助。

4.3　卓越农林人才培养的师资建设

4.3.1　教师考评制度的建设

卓越农林人才的培养需要社会各方的共同努力，其中最重要的一个角色就是高校教师。教师是一所学校生存发展最重要的资源，合理的教师评价体系有利于教师、学校乃至国家教育事业的发展。教师考评制度是教师薪酬体系和激励体系的基础，起到了高校教师管理的指导作用。考核评价政策对于提高教学质量，深化教学改革，具有全局性的影响。结合卓越农林人才培养的要求，高校教师考评制度建设应关注以下方面。

突出师德师风考核地位。师德作为教师任职的基本要求，师德考核应贯穿教师选聘、管理的全过程。建立师德考核负面清单，对于有违反师德行为的教师，进行档案记录，并给予行政处分。丰富师德考核形式，采用教学管理评价、学生评价、个人自评等多种形式，全面客观地反映教师师德情况。建立师德管理部门，完善学生投诉渠道，严肃处理有师德禁行行为的教师，保障学生的个人权利。

科学设置考核标准。结合各高校的人才培养定位，分类分学科设置教师考评标准。各农林类院校层次不同，定位也有差异，教师考评制度应匹配各学校的发展需要。对于三种类型的卓越农林人才来说，其培养目标不同，所需的师资力量也是有差异的，因此对教师的考评制度也应分类进行。拔尖创新型农林人才的师资重点关注其科研能力，复合应用型农林人才的师资主要考察其教学能力，实用技能型人才的师资则重视实用技能的教学。增强教师在考评过程中的话语权，畅通教师对考评制度的反馈渠道，不断调整教师考评制度，使教师考核制度与时俱进。

重视教育教学业绩。改革绩效评价制度，在职称评选和岗位晋级中，提升教学业绩考核比重，内化教师重视教学工作的动机。严格控制教师教学工作量的底线，原则上所有教师都应开展教学工作，对于不同特质的教师，可以设置弹性教学工作量。教师必须坚持党的基本路线，以社会主义核心价值观作为育人导向，严肃教学纪律，加强教学管理部门对教学内容、实践环节等的监督。创新教学评价方式，提升学生在教学评价过程中的参与度，根据教学评价结果，对教师教学工作进行管理。完善教学评价制度，多维度全方位地进行教学评价，对教师课堂效果、教学成果、课程考核方式、教学改革等教学工作进行综合评价。

改革科研评价制度。坚持分类评价原则，依据不同学科的特点，具体区分基础研究和应用研究等类型，分类制定评价的细则和方法。严格筛选科研项目研方向，始终以国家战略需求为导向，关注科研成果对解决地方经济发展关键难点的贡献，促进科研和教学结合，提升人才培养质量。建立"代表性成果"评价制度，延长高校教师科研评价周期，鼓励长期、专心的科研行为，避免短视化的科研行为。合理制定科研团队评价方法，突出实际贡献，增加评价结果的区分度。

加强社会服务考核。加强教师社会服务考核力度，重视农林类院校的社会效益，综合评价教师在公共事务承担、企业咨询、科技转化等方面的作用。增加农林类院校教师同农业生产的联系，鼓励教师下基层推广农林类科技，构建同农业企业的长效合作机制，增加教师进企业讲解农业技术的频次。完善科研成果转化业绩的考核，提升转化业绩在岗位晋升、职称评选中的权重，促进农林类院校科研成果的转化，使科研成果服务农业向现代化发展，从而服务国家的乡村振兴战略。

突出教师在教师考核过程中的主体地位，提升教师的话语权，保障其合理的利益诉求和利益关切。加强考核评价结果运用，人事管理部门将评价结果反馈给教学管理部门，对教师的工作进行调整。建立高校各类评估的联动机制，利用学位点评估、本科教学评价等评价结果，完善教师考核评价。建立各部门协调机制，设置教师管理的分管领导职位，统领人事管理部门，协调本科管理部门、研究生管理部门、科研评价部门，畅通教师考评各环节，做好教师考核评价工作。引入相关方进行监督评价，使考评过程和结果透明化。健全监管体制，引入上级和学生进行监督评价，增加考核过程的透明度，提升考核结果的民主程度。畅通考评反馈渠道，对考核结果进行公示，对反馈有异议的结果，应加以复核和修正。

引领教师专业发展。转变以结果为主的评价思路，将教师专业发展纳入考核评价体系，增加过程考核的力度，关注教师专业发展水平，合理设置专业发展评价指标，综合评价教师工作。建立教师教学发展中心，长期开展教师培训，构建教师相互进行学术交流和教学交流的平台，促进教师之间的相互学习。建立农林类院校教师考评结果反馈机制，按学院、系进行分级管理，及时高效地将教师考评结果传递给教师本人，并保障教师提出异议的权利。建立教师专业发展引导机制，完善教师培训制度，举办教学论坛，增加校内外教师的交流，促进高校教师的专业发展。

4.3.2　行业导师制度的建设

对于研究生阶段的学生来说，导师是教学过程中的主要组织者和实施者，是研究生培养质量的第一责任主体。我国的导师队伍主要以高校教师为主，兼职教师人数和质量都不够令人满意。教育部在 2013 年发布卓越农林人才培养计划时，探索高校同企业、科研院所合作机制，聘请专业能力出色的行业专家作为兼职教师，推进"双师型"教师制度建设，增加对学生的实践能力训练。因此，行业导师制度的建设应关注以下方面。

健全人才引进机制，重视对中青年教师实践能力的培养。一方面选派实践经验丰富的中青年教师出国学习，在日常教师管理机制上，鼓励教师到企业积累实践经验，提升中青年教师的综合素质。目前很多行业导师由校内教师兼任，有的高校教师也在带专业学位的硕士研究生，这就客观要求教师要丰富实践经验，提升实践能力，紧密联系社会对人才技能的要求，做到理论和实践的有机融合。特别是中青年教师学习精力比较充沛，适当地出国研修或者在校外工作，有利于其同国际接轨，掌握国际动态和市场动态，更好地进行实践教学。另一方面，引进国内外优秀中青年教师和教学团队，对有出国学习经验的教师选聘开启绿色通道，对已成型的教学团队的引进给予充分的资源支持。

建立灵活的"双导师"选聘制度，优化导师队伍结构。吸引实践经验丰富、理论水平优秀，且热心农林事业的人才进入导师队伍。重视实践能力，对于年龄、学历不达标，但实践能力出色的人才适当降低要求。加强同企事业单位的联系，引入企事业单位的高级人才兼任行业导师。打破国界进行人才的引进，对理论水平高、实践经验丰富的优秀技术人才给予适当的补贴政策，提升导师队伍的国际化水平。加强国外优秀技能人才同国内教师的交流，促进国内导师实践水平的大幅提升。

完善"双导师"培训制度，不断增强导师队伍能力。行业导师是研究生培养中重要的一环，承担着实践技能培养的大部分工作，三种类型的卓越农林人才都有实践能力的要求，虽然行业导师的教学内容主要是实践技能的培养，但其学术水平也应达到一定的高度，坚实的理论基础有利于更好地指导学生。高校应针对行业导师定期举办各种学术讨论会，建立行业导师同校内导师交流的平台。同时，行业导师队伍应建立自我学习机制，随着社会的发展，实践技术更新换代的速度加快，行业导师的实践经验也面临着过时的问题，常态化的学习机制有助于行业导师始终走在时代前沿。

健全"双导师"考核制度，加强导师队伍的管理。首先建立合理的考核评价制度，分类确定考核评价的标准，行业导师侧重实践技能和教学能力考核，放宽对课题和论文数量的要求，重视学生培养的效果。其次确定适当的考核周期，周期过短会使导师疲于应付，周期过长会使导师松懈，且不同专业的实践成果周期也不一致，各农林类综合高校应结合自身实际情况有弹性地确定考核周期。最后增加同行和学生的参与度，综合两者的评价结果更全面地反映行业导师的表现。

建立相应的激励措施和保障机制，提升行业导师的积极性。高校要制定灵活多样的保障措施，提升行业导师教学工作的积极性，注重行业导师的责任心培养。保障足额的津贴发放，增加精神激励，给予行业导师职称评选适当的政策倾斜。加强高校与企事业单位的沟通，强化校企联合意识，实现校企产学研的合作，建立良好的沟通平台，促进行业导师同校内导师的交流和沟通，帮助行业导师更好地指导学生。

4.3.3　教师工作环境的建设

　　教师是人才培养的第一责任主体，优秀的师资是一所大学不断发展的基础，高校人才流动的影响因素较多，而工作环境是其中的重要影响因素。广义的工作环境包括职工待遇、具体工作环境、晋升通道等。人是环境的产物，其他因素不变时，在不同的工作环境下，教师的教学能力和科研能力都会有不同的表现。因此，要完善教师工作环境必须关注以下几个方面。

　　确定清晰的组织目标，引领教师为实现组织目标而不断提升自身素质。目标是组织进行日常工作的指挥棒，承担着激励成员、引导组织发展的作用。好的组织目标应当是清晰的、可操作的，清晰的目标是可操作的基础，可操作是目标能够实现的前提。高校领导在确定组织作风和办事风格方面具有至关重要的作用，他们承担着设计组织目标和带领成员的重任，清晰的组织目标、能力出色的领导对提升教师工作满意度有积极影响。一方面，能力出色的领导能给教师提供基础的资源，优化高校教师的工作环境，提供优秀的科研设备；另一方面，内行的领导能更好地理解教师的需求，达到上下级的无障碍沟通，更好地指导教师的日常工作。

　　优化高校教师学术工作条件，推动学术共同体的构建。科研和教学是高校教师的两大本职工作，是高校组织之间互相区分的技术核心。对学术工作的时间、资金、基础条件等的支持，是影响高校教师科研效果的重要因素，同时也是提升教师工作满意度的关键要素。组建学术支持部门，建立专门资金用于学术论坛建设，与知名高校合作构建学术平台。鼓励导师与研究生之间形成科研团队，教师与教师之间构建科研协助通道。在资金支持方面，改变唯资历论的标准，给予表现出色的青年教师足够的资源，并针对不同的研究项目有层次地提供经费，提高经费使用的效率。在时间支持方面，科研活动是一个漫长的创造过程，需要灵感和专注，探索学术休假制度，给予高校教师学术活动充足的时间支持。在基础条件支持方面，提供优质的硬件设备，购买前沿的电子资源，为高校教师提供科研的基础条件。

　　精简行政管理的流程和内容，打通管理系统与学术系统沟通的渠道。推进管理系统的制度化建设，搭建管理系统与学术系统沟通的平台，管理系统应明确定位，打造服务于高校的学术系统。适当简化管理流程，减少不必要的管理环节，提升管理效率，减轻学术工作的负担。清晰划分科研工作和行政工作，对于主要从事科研的高校教师，应减少其行政事务，使其能够专心科研。对于主要从事行政工作的高校教师，应放宽对其学术成果的要求，使其专心于行政工作。此外，行政管理流程应服务于学术工作，在具体操作中简化不必要的流程，减少教师的负担，更好地支持其科研和教学。

　　促进教师工作与家庭的平衡。高校教师工作最大的特点是弹性时间，这个特点给予教师工作灵活性的同时，也带来了教师工作和生活时间上混淆的问题。高校教师很多工作是在下班时间完成的，这时会与家庭生活产生一些矛盾和冲突。在制定教师工作计划时，应明确教师工作与生活的边界，尊重教师的个人意愿，尽量减少下班时间的工作安排。研究制定福利政策，面向高校教师的家庭需求，提供幼儿看护、团体出游、家庭保险等支持政策。心理健康是教师正常工作的前提，关注教师心理健康，针对不同的从业阶段的特点，有针对性地进行干预。

　　保障女性教师和青年教师的利益与诉求。青年教师和女性教师在高校中均处于相对弱势的群体，青年教师的学术条件普遍较差，而女性教师则面对着更大的生活压力和科研压力。不同的年龄和性别的教师，需求是不同的，应根据不同阶段的特点，制定个性化的策略。给予女性教师和青年教师充足的福利待遇，支持其学术和教学工作，帮助女性教师和青年教师更快进步。制定青年教师的培训制度，对青年教师的教学能力进行培养，给予青年教师更多的进修机会。增加学术讲座和学术会议，帮助女性教师提升学术水平，在工作中为女性教师提供人性化的照顾，帮助其平衡家庭与生活。

4.4　本章小结

　　(1)人才培养方案是人才培养的根本依据，而培养目标是人才培养方案中最重要的部分，培养要求应与培养目标一致，不同类型的人才培养目标不同。拔尖创新型人才的培养目标内容包括拔尖创新型人才的定位和拔尖创新型人才培养目标设置原则。其中，拔尖型创新型人才培养目标设置原则主要表现在面向国家农业现代化发展需要；夯实通识基础，重视实践能力和创新素质；构建多层次人才培养体系；重视培养质量底线，适当设置淘汰制度；促进学科交叉，推进跨学科培养；注重国际视野、国际竞争力的培养。

　　(2)卓越农林人才培养计划中指出，要培养出能服务新农村建设的复合应用型人才。复合应用型人才的培养目标内容包括复合应用型人才定位和复合应用型人才培养目标设置原则。其中，复合应用型人才培养目标设置原则主要表现在强调应用能力，推进分型培养；重视一专多能，学用结合；满足农业企业的人才要求；着眼实践能力培养，多层次丰富学生实践能力。为了满足国家农业现代化的需要，配合地方经济社会发展，社会主义新农村的建设需要更多的技能型人才。实用技能型人才的培养目标内容包括实用技能型人才的定位和实用技能型人才培养目标设置原则，其中，实用技能型人才培养目标设置原则主要表现在强调实践能力，塑造核心技能；面向农业基层生产一线的需求；结合学生意愿，注重个体的个性化发展；重视与用人单位的联系，明确岗位技能；关注知识积淀与情怀养成。

(3)产学研合作驱动体系是卓越农林人才培养的核心机制之一，产学研合作培养内部机制的建立具体包括产学研合作对象选择体制、人才培养模式选择体制和多元交流合作体制的构建。关于产学研各方合作的保障，就要涉及质量保障体制。对于产学研合作内部来说，可从以下四个方面着手保证其质量，分别是选择产学研合作伙伴的谨慎性；产学研合作方向选择的重要性；企业导师选择的高标准性；产学研合作日常管理工作的积极监督。应建立适合学生个体的"以人为本"的多元个性化培养机制。多元个性化培养方案主要包括以下内容：首先，各高校应强调基础的人才培养理念框架的构建。其次，从高校具体的多元个性化培养模式来看，各高校的专业设置方式应在我国大学现有的模式基础上，进一步吸收国外农林类一流大学专业设置模式的特点，去其糟粕取其精华，逐步形成适合各高校的专业设置模式。再次，各高校的教学体系也应强调要进一步完善学分制。最后，高校的教学管理模式应强调树立以人为本、以生为先的教育理念并对以学院为主体的教学管理体系进行完善。

(4)高校教师是卓越农林人才培养中最重要的一个角色，高校教师考评制度建设应关注以下方面：科学设置考核标准；突出师德考核地位；重视教育教学业绩；改革科研评价制度；加强社会服务考核；引领教师专业发展；建立部门协调机制；引入相关方进行监督评价，使考评过程和结果透明化。导师是教学过程中的主要组织者和实施者，是研究生培养质量的第一责任主体。行业导师制度的建设主要包括以下内容：健全人才引进机制，重视中青年教师实践能力培养；建立灵活的"双导师"选聘制度，优化导师队伍结构；完善"双导师"培训制度，不断增强导师队伍能力；健全"双导师"考核制度，加强导师队伍的管理；建立相应的激励措施和保障机制，提升行业导师的积极性。

第 5 章　卓越农林人才培养机制的创新

5.1　卓越农林人才奖助机制的创新

奖助机制是高等院校调动学生学习积极性和研究创造性的综合系统，奖助机制能够为各高校的人才培养提供巨大的动力与财务保障。基于我国高校卓越农林人才培养的奖助机制，本节从高校资助机制的创新和奖励机制的创新入手，提出相应的建议。

5.1.1　资助机制的创新

作为保障贫困学生顺利完成学业、促使教育公平的重要政策措施，各高校资助政策的执行，不仅从宏观层面上来说，它能够更加平衡社会贫富差距现象对教育系统内部的影响辐射，而且从微观层面上来说，它还能改善在校贫困生的生活质量从而保证他们能够顺利完成学业，因此资助机制的创新对于卓越农林人才培养具有非常重要的作用。

首先，多元化的高校学生资助来源是资助机制的基础保障。在我国目前教育制度背景下，高校大部分资助资金渠道是来自国家和各级政府的财政拨款，但要充分保证人才培养的公平性，各高校必须积极扩大各项资助资金的可获得渠道。各高校还可充分利用自身资源，具体可参考以下创新方式：①高校可以建立"校友互助平台"从而实现对贫困生的帮助。对于已经毕业的大部分毕业生来说，他们通过各自在各行各业积累的锻炼经验，有些同学已经在社会上取得了一定的成就，并且他们也可能对母校怀有感恩心，希望能够有机会帮助母校中的同学，而这种校友互助平台的建立正好可以直接促使他们之间的联系。通过这种方式不仅能够帮助高校学生顺利完成学业，并且还可以给予他们一定的信心鼓励其克服学业以及生活中的困难。在整个过程中，学校本身并不一定参与其中的管理，但还是需要学校提供资助对象并且合力制定资助标准，从而能够顺利完成这种资助模式。②充分利用和学校有联系的大型企业的帮助。学校如果能充分借助和社会上各类企业有合作的缘故来争取这些企业对在校学生的资助，那么这也是有效方式之一。对于学校本身而言，学校可以通过举行校园感动人物评选（学生可以自主报名,或者身边的同学将需要帮助的同学向学校反映,学校通过监督核实确定人选),将他们的感人事迹公布在各大平台(学校在这个过程中可以选择和当地主流媒体进行长期合作),通过这种方式取得社会的肯定,以便为需要资助的学生提供帮助。学校还可以建立资助公示平台,通过公开的方式让公众了解这些资金对于学生的帮助有多大,从而进一步对这种资助方式进行肯定。

其次,创新对学生资助管理的方式。在目前的教育背景下,高校应该充分发挥其作为管理者和教育者的角色,在资助规模评估过程中建立合理的评估体制,从宏观发展和微观需求两个方面对评估规模进行科学评估。就宏观层面上来说,各高校应充分考虑整体社会的物价水平以及整体社会需求,以便提出合理的资助规模,从而确保需要资助的学生能够满足自身基本物质需求。就微观层面上来说,各高校也应该采取类似调研这样的方式,对需资助学生的家庭背景以及生活情况进行尽职调研,同时还可通过询问需资助同学的室友、老师等了解其真实情况,根据情况灵活制定资助金额。高校应同时结合宏观和微观两个方面,给出最终资助规模方案,从而保证资助规模的合理性。当然,在资金发放过后,高校也可成立资助使用过程举报以及监督系统,从而确保资助的真正能效。

最后,资助方式的创新要满足多样性和适应性。学校应特别设立“校资助办”,实时关注学生动态并定期筛选需要资助的同学,并对其进行系统性分类。就学校内部而言,学校可以统一发放助学金、助学贷款,可以设立“勤工助学部”发放勤工助学金、生活补贴、副食品补贴等,同时,学校还可以通过提高学校开放度吸纳更多企业商家进入学校从而给学生提供兼职机会。就学校外部而言,来自各界的慈善机构、基金会等组织也应该设立相应的资助资金并通过公众媒体的形式平台化,从而满足不同类型的资助学生。

5.1.2　奖励机制的创新

高校奖励机制是指政府、高校、社会团体或个人给予优秀大学生一定的奖励。实行奖励制度是一种重要的教育管理手段,具有激励功能和导向功能,由此,对目前高校现有的奖励机制进行创新性改进势在必得。本节主要针对奖励标准、奖励方式和奖励部门提出相应建议。

首先,制定科学合理的奖励标准。高校应当鼓励学生积极参加社会各界在校组织的学习活动,借此方式来培养他们的使命感以及责任感,并同时锻炼他们的沟通能力、合作能力和领导能力。高校奖励的评定标准设定应同时考虑到学业成绩与综合表现两方面,并根据实际情况做出一定的调整,从而能够充分发挥奖励评定的导向功能。高校应着手调整综合表现加分项目,在原有基础上按照一定的标准相应地增加或者减少一些加分项目。综合表现加分类型是起到提升学生素质、促使学生全面发展的作用,高校应取消一些没有必要的加分类型,如一些较为简单的活动并且学生在参与时已经获得了一定的肯定和报酬等类型，而对一些社会服务、奉献爱心等活动则可以列为加分类型，如义务献血等。除此之外，调整综合表现加分额度，一些泛娱乐化活动要少加或者不加，逐步引导学生更多参与相关学术科技竞赛活动，提高专业学习类的加分值，如在有一定影响力的杂志发表论文等。同时，科学合理划定学习成绩加分和综合表现加分的比例，提高学习成绩加分比例，降低综合表现加分比例，从而确立正确的导向，遏制部分学生综合表现加分过度膨胀以及徇私舞弊的现象。高效的奖励评价标准应该及时根据各高校整体学生情况进行调整并公示。

其次，实现高校激励方式的多样化和多元化。当前，我国高校奖励主要通过奖学金形式表现，主要为国家奖学金、校级奖学金、校单项奖学金和企业赞助奖学金等。除此之外，高校内部还可充分利用其主导地位，定期举办评优评级选拔，并联合校内各社团组织进行宣传，调动学生积极性，最后通过发放奖状和基本生活用品的方式进行奖励，并将奖励结果进行公示。同时，高校还可联合校外企业举办各类专业比赛，奖励结果可通过提供实习机会、行业交流培训机会来实现。为保障整体奖励过程能够更有效地实施，奖励研究部门、制定部门、评估部门和监督部门应形成合力，其协作原理如图 5-1 所示。

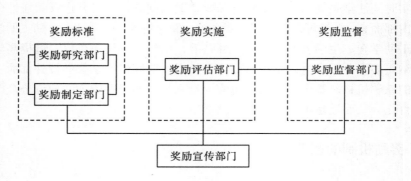

图 5-1　奖励机制的创新

奖励前期，奖励研究部门应根据国家基本奖励政策和各高校基本情况对奖励对象、奖励方式进行调查以及研究，并将研究成果交由奖励制定部门正式进行奖励制定。在奖励中期，需由奖励评估部门将奖励计划书下发至各学院各部门以及各社团组织，由其对符合条件的学生进行筛选，最后交由奖励评估部门进行验证审核。在奖励后期，为保证学生核心素质的培养，需由奖励监督部门持续监督得奖人的动态变化，保证其持续发展并起到带头作用。奖励宣传部门贯穿整合奖励机制，需对前期制定成果进行宣传扩大参与评选人数，同时其对中期评估过程的公开公示保证了整个评选制度的透明度和公正性，在后期对奖励监督部门状态的公布也起到了对得奖学生的监督作用，从而能够促进学生的持续发展。

5.2　卓越农林人才培养的质量保障机制创新

质量是高校人才培养的"生命线"，如何有效建立高等教育质量保障机制、促进卓越农林人才的成长是我国目前阶段高等教育发展的关键目标，本节就卓越农林人才培养的内部和外部质量保障机制分别提出创新和建议。

5.2.1　内部质量保障体系创新

高校内部质量保障体系的建立以及发展是提高高校办学能力的重要保证，而其建设的成熟度不仅决定着其内部能否维持良好办学秩序，同时还决定着高校产出人才的质量。基于前文对国外高校内部质量研究，本节提出如图 5-2 所示的高校内部质量保障创新性机制。

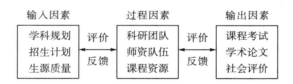

图 5-2　高校内部质量保障体系创新性机制

高校整体的内部质量保障体系生成因素主要包括输入因素、过程因素以及输出因素，其中，评价系统和反馈机制作为内部质量保障体系的辅助因素。输入因素主要包括高校学科规划、招生计划以及生源质量。高校应该在一定程度上加大宣传力度，不应局限于高校所在地及其周边地域，同时根据教育部相关规定并结合高校自身情况设立专业招生团队，从而保证生源质量。不仅如此，高校应构建顺畅的学科建设发展通道，为学科的建设以及发展提供一定的政策支持，加强学术发展平台硬件环境和软件环境的构建；在此过程中，各高校也应该相应地加强人才培养通道的建设，从而能够充分体现高校的高等教育特色。

过程因素主要包括培养单位科研团队、师资队伍、课程资源等。特别强调的是，学生的主观能动性在此阶段起到关键性作用。高校应积极加强构建学术平台，鼓励传授单位的自我发展，并且高校可以通过课堂视频录制以及课件存档的方式对培养单位传授的知识进行监督，同时，将相应的课程资源通过线上同步的方式让知识得以共享，从而起到双向促进的作用。并且，高校应充分发挥学生的主观能动性。通过相应的制度条款，保障学生以及科研团队和老师的交流次数以及交流质量，同时高校也应积极构建、举办高水平对外学术交流活动，从而使学生向高水平学校看齐，拓宽学生眼界，提高研究积极性。

输出因素主要包括学生在学习阶段性的课程考试、学术论文和社会评价。高校应同时设立相应的鼓励政策，并加大力度进行宣传，从而构成良好的学术环境，有助于学生产出高质量的阶段性成果。同时，学校应加强学术论文（包括毕业论文）写作环节的层层保障，加强开题监督、规范论文指导从而切实保障论文质量。高校还应积极与校外机构不定期进行沟通，设立相应的机构对学生毕业后的社会满意度进行调查，并且积极与毕业学生进行有效沟通与指导。

为使高校内部质量保障体系能够长效运行，还应加强构建反馈制度和内部质量评价制度。高校应积极对内部质量体系的运行进行动态监督，构建实时反馈机制并且定期对内部质量保障体系进行评价，从而实现高校质量内部保障激励、预警、否决、改进等功能，以实现内部质量保障系统的持续完善。

5.2.2　外部质量保障体系创新

为了使得内部质量保障制度能更充分实施并发挥应有的效果，外部质量保障体系建设必须跟上，作为一种通过借助外部环境力量对高等教育质量进行评价以及监督的手段，外部质量保障机制对内部保障机制具有一定的约束与引导作用，外部质量保障体系在整个质量保障过程中起到了不可或缺的作用。基于前文对高校外部质量保障体系的研究，本节主要针对高校外部质量保障就其教育评估和外部认证提出相应的建议。

就教育评估而言，目前我国政府集投资者、管理者、办学者三者于一身，大部分高校的评估标准都是由政府来制定与修正，这种方式带有很强的干预以及命令性质。被评估的高校为了迎合政府的一系列评估，通常处于被动状态（采取被动措施）。因此，政府只有逐步改变目前这种直接性、公务性的管理评估方式，才能更好发挥政府的外部质量保障作用。为了全方位地对高校进行评价以及监督，高校应该积极主动地联系社会部门，通过这种方式有效地加强高等教育的外部评估效能。同时，伴随着信息时代的到来，高校可以把完善的信息技术引进教育评估过程中，即在原有的体系中，广泛应用新技术，例如大型数据库和通信技术等，使得整体评估过程更加现代化和科学化。在此基础上，政府同时应积极培养具有公信力的第三方教育评估机构，进行多元评估，政府还应创造良好的法制环境，为评估立法立规，从而建立相应的保障。此外，政府还应进一步大力推进信息公开、公共数据共享，确保教育评估的透明公正。

就外部认证而言，外部认证作为一种国际公认的能够充分检验高等院校人才培养质量和其办学质量的重要方式，它是国家为了检验高校建设和人才培养指标契合度，监督高校构建合理性的教学质量保障机制，是提高我国高校各专业教学质量的重要手段。鼓励国内社会各界热心办学人士和社会资本，建立教育专业教学评估认证机构，积极与政府展开沟通交流，从而确定专业认证制度的标准化发展，并且在专业认证的过程中，各专业机构不能仅仅依据各高校提交的审核资料单一地进行认证，还应进行相应的尽职调查，从而确保高校提交材料的真实性并且发现更多评估素材，确保专业评估认证的真实客观性。借鉴国外教育评估的先进经验，我国各类高校应积极参与国际性专业教育认证的评估，将视野拓宽到国际范围内从而找到自己的定位，并且酌情对高校自身所面临的问题进行改善提高，由此来促进高校的发展，并且，此种认证方式也能为社会各界相关人士提供更有价值的参考依据。

内部保障机制和外部保障机制相辅相成。内部质量保障机制是整个保障体系的基础和核心，如果没有内部质量保障体系的存在，那么外部质量保障机制的存在也没有任何意义，外部质量保障体系主要是通过内部质量保障机制才能够起到其应有的作用。从另一方面来看，外部质量保障机制是整个保障体系的支撑和条件，外部质量保障机制作为内部质量保障机制的特殊生存背景，它对内部保障机制起到约束和引导的作用。所以，只有内部和外部质量保障体系相互作用、相辅相成，并以高校卓越农林人才教育质量保障为共同的目标进行运转，整个体系才能发挥出其应有的作用和效力。

5.3　卓越农林人才评价机制的创新

5.3.1　人才评价原则的创新

人才评价是人才利用和管理的前提，推进卓越农林人才评价机制的创新，对推动卓越农林人才的分型培养、实施创新驱动战略、推动人才强国的建设起到了重要的作用，对卓越农林人才评价的创新应坚持以下原则。

坚持科学公正的原则。遵循科学公正的原则，尊重卓越农林人才的分类特征，分类建立卓越农林人才评价机制，将品德和能力作为评价的抓手，反映各类人才的价值。破除对农业部门和职业人群的歧视，倡导社会平等，形成尊重卓越农林人才的社会氛围。职业本没有贵贱之分，人们却往往存在偏见，在社会上不同职业的认可度和地位都是存在显著差异的。特别是实用技能型农林人才往往处于职业等级的中下层，未得到应有的认可。随着经济社会的发展，社会分工进一步细化，分类建立人才评价机制刻不容缓。科学公正是人才评价工作的重要原则，按不同岗位、不同职业、不同层次的类别，建立分类评价机制，体现各类型农林人才的社会价值，促进农林人才队伍的壮大。

坚持服务社会发展的人才原则。创新是农业发展的第一推动力，而卓越农林人才是创新活动的第一资源，做好卓越农林人才评价工作，有利于释放社会创新活力，发挥农林人才在农业和农村社会发展中的推动作用。卓越农林人才评价工作应匹配社会发展需要，对农林人才队伍起到激励和约束作用，使农林人才的个人成才融合于国家战略的实现过程。中国起源于农耕文明，农业一直以来都是国民经济的基础，我国的农业人口占到了全国人口较大比例，农业发展对保持经济社会的稳定起到了决定性作用。优秀农林人才的培养刻不容缓，应顺应乡村振兴战略需要，面向农业现代化需求，进行农林人才的培养和评价。卓越农林人才的评价工作要符合社会发展的需要，构建多层次的人才评价体系。针对拔尖创新型人才，应以国家农业现代化发展需要为前提，来评价其科研成果和论文质量；针对复合应用型人才，评价其工作业绩，应考量其是否符合服务地区行业产业需求；针对实践技能型人才，应面向农业基层生产一线的需求，评价其实践能力。不同定位的人才，其匹配的经济社会发展的需求是不一致的，所以在人才评价时，应以对应的社会发展需求为前提。

坚持持续创新的人才评价原则。保持不断进取的工作状态，创新人才评价模式，应当求思求变，对已有的缺陷进行改进，更好地实现人才评价的效果。结合实际创造性推动人才评价标准的创新，人才评价工作从计划经济时代已经开展了几十年的时间，但其评价标准并没有与时俱进，落后于社会需求的发展。善于运用互联网技术和信息化手段创新人才评价方法，使用互联网作为信息互联共享的平台，更新人才评价手段，提高人才评价效率。释放人才管理工作的活力，加快破除制度障碍和思想约束，不断推动政府职能的转变，提升用人主体进行人才评价的自主权，引入市场化的第三方评价机构，构建有利于人才脱颖而出、不断成长的评价机制。

坚持党对人才工作的领导。发挥思想政治优势，明确党在卓越农林人才评价中的领导地位，优化人才评价机制，完善人才评价原则，在全社会大兴爱才之风，形成人人皆可成才的社会氛围。加强党对制定人才评价原则、评价标准的引导，适当放宽对具体事务的管理，改变政府对人才工作大包大揽的问题。发挥市场在卓越农林人才市场中的决定性作用，释放市场活力，增加农林人才工作的灵活性，减少政府对农林人才市场的行政干预。转变政府职能，做好人才市场的守护者，做好维护人才市场秩序、弥补市场失灵等监管工作。提升农林人才管理的专业化水平，尊重农林人才成才规律，遵循农林人才资源的市场规律。顺应全球化竞争的新趋势，构建开放型的卓越农林人才管理体制，破除国内外市场之间的体制障碍，促进农林人才在国内外市场之间的流动，提升卓越农林人才资源配置的效率。

5.3.2　人才评价标准的创新

农林人才评价标准是人才评价工作的"量尺"，是卓越农林人才培养工作最重要的参照。一直以来，德才兼备是农林人才最基础的标准，对品德的要求是长久不变的条件，而农林人才的内涵则是随着社会的发展而不断丰富的，对卓越农林人才评价标准的创新应从以下四个方面入手。

(1)设置多样化评价标准。改变过去农林人才评价标准单一、分类评价工作不力等突出问题，在农林人才的培养过程中，不同层次和类型的人才培养定位差异较大，培养环节也不同，其岗位和职业也大相径庭。以单一的标准来进行人才评价，必然会导致有些岗位的人才评价存在偏差，对其工作产生消极影响。因此，要完善卓越农林人才评价指标体系，需增加工作业绩、实际贡献等评价指标，并解决目前的评价标准单一的问题。增加农林人才评价标准的灵活性，建立青年人才和基层一线人才的评价机制，适当放宽资历、学历要求，鼓励青年人才和基层一线人才锐意进取、不断成长。下放人才评价权力，健全企业人才评价机制，给予用人单位调整评价细则的权力，引导创新创业人才脱颖而出，提升企业的创新能力。制定差异化的评价标准，契合不同岗位特点，引导不同岗位的人才爱岗敬业，在各自岗位做出自己应有的贡献。

(2)进一步推动分类评价。建立科学公正、各有侧重的评价标准，根据不同岗位、不同职业、不同层次的农林人才要求，合理调整卓越农林人才评价指标体系，分类进行卓越农林人才的评价。卓越农林人才的评价应结合不同类型人才的定位进行，研究各类型人才成才规律，提升农林人才评价指标选取水平。对于拔尖创新型人才的评价，应选择论文数量、专利申请数量等指标，侧重其科研能力和创新能力的考核，注重科研成果在农业生产中的推广率，关注其研究问题的原创性以及学术影响。对于提供科学研究服务、研究实验技术、科学技术管理等的拔尖创新型农林人才，应选取创新性工作绩效考核指标，反映和考察其工作水平。区分基础研究和应用型研究人才的区别，复合应用型人才选择工作业绩、技术突破等指标，反映其技术创新、对企业生产的贡献等。实用技能型人才选择专业资格证书、实际操作水平等指标，以工作业绩和解决生产问题的能力作为依据。

(3)建立评价标准自我更新调整机制。就拔尖型卓越农林人才而言，现行的评价标准违背了科研工作的客观规律，科研工作是一个长期积累的过程，特别是针对一些农林业的基础研究来说，其研究周期都是比较长的。而目前的评价标准是以年度论文发表的数量来评价科研能力，这就导致科研人员行为的短视化和功利化，倾向于做短期能出成果的研究，忽视科研质量，扭曲了评价标准，甚至引发科研诚信、弄虚作假、学术腐败等突出问题。所以，应根据社会对人才要求的变化，建立常态化的人才评价标准调整机制。推动人才评价的市场化水平，弱化政府的人才评价职能，增加用人单位和市场的人才评价自主权，形成权责明晰、三方高效合作的人才评价体制。克服人才评价过程的行政化倾向，进一步推动人才评价权力的下放，发挥用人主体进行人才评价的主观能动性，特别是针对智力密集型的科研单位等用人主体，推荐建立人才评价委员会，对人才评价标准进行科学设置。用人主体应制定适当的调整周期，依据职业要求的变化，及时更新评价标准，创造评价标准与用人要求的匹配途径。

（4）增加品德考核权重。把品德考核放在人才考核的首要位置，扭转社会急躁、功利化等不良风气，引导人们注重道德操守，形成人人讲道德的局面。细化品德考核的内容，增加品德考核的可操作性，从学术道德、职业操守、社会责任感等方面进行卓越农林人才品德的考核。建立农林人才信用记录制度，推动公共平台信用信息共享，对农林人才的失信行为进行记录和公示，探索建立全社会的失信惩戒制度，增加人才失信行为的机会成本。完善人才评价诚信体系，建立诚信守诺、失信行为记录和惩戒制度，增加人才失信的机会成本。建立人才道德失信黑名单，在行业进行黑名单公示，从严治理失信行为，对高校教师失信行为实行"一票否决"制度，改变高校仅凭论文发表就能解决职称晋升问题的现状，要让教师有更多的时间投入到一线教学工作中，发挥教学名师对年轻学生的启迪作用和引领功能。

5.3.3　人才评价方法的创新

科学可操作的卓越农林人才评价标准，指导着农林人才评价方法的制定。农林人才评价方法是人才评价工作的具体细则，是决定农林人才评价工作好坏最后的一环。在思想层面上，农林人才评价方法应符合人才评价标准，在具体操作环节同具体的岗位和职业相结合。创新卓越农林人才的评价方式，应依据同行评价作为基础，参照行业标准和社会要求，建立业内评价机制。卓越农林人才评价方法创新应注重以下方面的工作。

加快评价服务过程的信息化。我国没有专业的卓越农林人才评价机构，也没有针对卓越农林人才评价的成文规定，更没有卓越农林人才评价的自律组织，人才评价的实施专业性不强，评价过程中同行人员和专家人员参与度低，评价方法和过程随意性较大，基于此种局面，应建立全国性的网络职称平台，实现从网上职称申报到发证全部流程的网络化，并对平台上的专业技术人员进行统计。利用信息技术大幅提升人才评价的速度和效率，更加迅速精准地反馈人才评价的结果。促进不同平台的信息共享，提升卓越农林人才评价工作的专业性，促进卓越农林人才评价平台同其他公共平台的对接，提供证书真伪查验服务，对人才的相关证书进行核实，节省用人单位的时间。

增加人才评价周期的灵活性。卓越农林人才评价周期应具有灵活性，不同类型的卓越农林人才特点迥异，其成才的周期也大有不同，为了使卓越农林人才评价服务于促进人才发展的目的，应合理设置评价周期，克服人才评价短视化的弊端。突出人才评价的长期化倾向，鼓励青年人才、基础研究人才潜心研究。对于拔尖创新型人才，结合科学研究的长期性特点，评价周期应适当延长。对于复合应用型人才的评价，应结合其研究特点和工作特性，对其研究能力和实践能力分别设置人才评价周期。对于实用技能型人才，应将人才评价周期同其从事的行业周期相结合，农业的生产是一个长期的过程，短期频繁的评价会使人才功利化、短视化。探索实施聘期评价制度，扭转目前僵化的一年一评的局面，对于需要长期投入才能有产出的岗位，给予其更多时间和空间，更客观公正地实施人才评价过程。

破除人才评价障碍。我国目前对农林人才的评价存在着评价手段趋同、评价手段适用性不强、忽视了实用技能型人才和复合应用型人才的实践能力等问题，这不利于激励基础一线的技能型人才。因此，应集中社会力量，利用行业协会、第三方人才机构、专业学会等非公组织，打破户籍、人事关系、地域等条件限制，为非公经济领域的农林人才和新兴农林行业的卓越人才提供人才评价渠道。加快建立农林类行业协会，在人才评价过程中发挥自律组织的作用。提高社会第三方人才评价机构的参与度，增加评价结果的客观性。增加人才评价过程的弹性和灵活性，对某些特殊引进人才(如高层次海外人才和急缺人才)开通绿色通道，简化评价流程，适当加快人才评价过程。随着人才跨国跨境流动的频次增加，外籍人才入境就业人数大幅增加，客观要求建立和完善外籍人才评价机制。

推动人才评价同项目评价的融合。在重大成果评价过程中，加强对卓越农林人才的评价力度，完善在重大项目中识别卓越农林人才的机制。在导师项目评估过程中，增加对农林人才进行评价的版块，对优秀人才加以培养，以其作为科研事业的储备力量。把人才评价贯穿于项目评审和机构评估的过程，促进人才评价结果的共享，简化评价流程，优化评价方式。纠正只以申报材料考核工作成绩的做法，加大对实际工作成果的考察，使人才评价结果更加客观公正，剔除少数工作业绩差但申报资料写作水平高的人才。避免简单通过各类人才计划头衔评价人才等问题，针对卓越农林人才的评价，不应以政府的人才培养类型作为评价的依据，培养计划不等同于人才相对应的工作能力。加强评价结果共享，避免多头、频繁、重复评价人才。打通高校、企业和政府之间的交流通道，使农林人才学校的表现能够为企业选择合适人才提供参考，政府评价结果和企业评价反馈又为高校人才培养指引方向，三方联动更好地评价人才，避免人才评价的重复进行。

完善面向企业和基层的青年人才的评价机制。完善对基层农林人才的激励制度，在进行基层农林人才评价过程中，增加对工作年限、岗位表现等评价指标的权重，给予基层农林人才应有的待遇。探索基层农林人才流动机制，一方面，增加同一级别横向流动的范围；另一方面，打通能力出色的农林人才向上流动机制。

创新以职业农民为对象的评价制度，对职业农民采取政策扶持和教育培训的帮扶措施。建立青年人才评价制度，改变论资排辈的旧观念，给予青年人才更多的资源扶持，选取有潜力的青年人才重点培养。在各项科研项目、人才计划等人才培养项目中，设立青年专项，促进优秀青年人才成长。

最后，要发挥市场和社会的监督作用，对评价结果进行监督。按研究方向进行分类，细化行业内涵，不同类型的农林人才其研究方向也有差异。基础研究人才的评价，应增加国际同行的参与度，提升基础研究人才评价的国际化水平。推动基础研究国际协会的形成，构建国内外基础研究人才的评价和交流平台，并由行业牵头组织进行同行学术评价活动，形成规范标准的评价流程，保证评价结果的客观公正。应用研究人才的评价应重视市场反馈，搭建用户、专家和市场等相关方评价的平台，给予市场和用户评价较高的权重，反映市场对该人才的工作能力的认可。哲学社会科学人才评价重在同行认可和社会效益，特别是农林牧渔业行业，因为这些行业往往对生态环境的发展有较大的影响，所以在评价时其社会效益不可忽视。采取多样化的评价手段，针对不同类型的人才，科学选用述职、论文汇报、技术成果展示等多种方式，灵活地进行人才评价过程。推动国内外技能资格考试标准的统一，提升实用技能人才评价的科学性和规范性。

5.4　本　章　小　结

(1) 卓越农林人才资助机制是保障贫困学生顺利完成学业、促使教育公平的重要政策措施，多元化的高校学生资助来源是资助机制的基础保障，具体可参考以下创新方式：一是高校可以建立"校友互助平台"从而实现对贫困生的帮助；二是充分利用和学校有联系的大型企业的帮助。创新对学生资助管理的方式，资助方式的创新要满足多样性和适应性。实行奖励制度是一种重要的教育管理手段，它具有激励功能和导向功能，要制定科学合理的奖励标准，充分实现高校奖励机制多元化和多样性，为保障整体奖励过程能够更有效地实施，奖励研究部门、制定部门、评估部门和监督部门应形成合力。

(2) 高校内部质量保障体系建设的成熟度决定着其内部能否维持良好办学秩序和高校产出人才的质量。高校整体的内部质量保障系统生成因素主要包括输入因素、过程因素以及输出因素。输入因素主要包括高校招生管理办法、学科建设规划以及培养农林人才过程中需投入的一系列人力、物力以及财力。过程因素主要包括培养单位传授的系统性知识、研究方法以及提供相应的实践研究机会等，特别强调的是，学生的主观能动性在此阶段起到关键性作用。输出因素主要体现在学生阶段性成果、毕业论文以及社会满意度等。

　　(3)外部质量保障体系的建设不仅使内部质量保障制度发挥出应有的效果,而且对内部保障机制具有一定的约束和引导作用。针对高校外部质量保障就其教育评估和外部认证,可以提出如下建议。就教育评估而言,为了全方位地对高校进行评价以及监督,高校应该积极主动地联系社会部门,通过这种方式有效地加强高等教育的外部评估效能。同时,高校可以把完善的信息技术引进教育评估过程中,即在原有的体系中,广泛应用新技术。此外,政府同时应积极培养具有公信力的第三方教育评估机构,并创造良好的法治环境。就外部认证而言,其作为一种国际公认的能够充分检验高等院校人才培养质量和其办学质量的重要方式,它是国家为了检验高校建设和人才培养指标契合度,监督高校构建合理的教学质量保障体制,是提高我国高校各专业教学质量的重要手段。

　　(4)卓越农林人才评价的创新应坚持以下原则:一要坚持科学公正的原则;二要坚持服务发展导向的原则;三要坚持持续创新的人才评价原则;四要坚持党对人才工作的领导。农林人才评价标准是人才评价工作的“量尺”,是卓越农林人才培养工作最重要的参照,卓越农林人才评价标准的创新应从以下几个方面入手:一要设置多样化评价标准;二要进一步推动分类评价;三要建立评价标准自我更新调整机制;四要增加品德考核权重。农林人才评价方法是决定农林人才评价工作好坏最后的一环,卓越农林人才评价方法的创新要关注以下五个方面:一要加快评价服务过程的信息化;二要增加人才评价周期的灵活性;三要破除人才评价障碍;四要推动人才评价同项目评价的融合;五要完善面向企业、基层和青年人才的评价机制。最后,要发挥市场和社会的监督作用,对评价结果进行监督。

第 6 章　卓越农林人才培养的政策保障

6.1　卓越农林人才培养的教育引导政策

6.1.1　完善卓越农林人才工程指导计划

卓越农林人才工程计划是我国教育部为落实《国家中长期教育改革和发展规划纲要(2010—2020 年)》和《中共中央国务院关于加快推进农业科技创新持续增强农产品供给保障能力的若干意见》(以下简称《意见》)而提出的具有中国特色、符合目前国内农林人才培养现状的教育培养计划，是我国系列卓越计划的组成部分之一，也是我国卓越农林人才培养的指导性文件。《意见》指出要创新人才培养模式，实施卓越农林人才等教育培养计划，以提高学生实践能力为重点，探索高校与相关单位合作培养人才的创新模式，倡导启发式、探究式、讨论式、参与式教学。促进科研与教学互动，及时把科研成果转化为教学内容，推动重点实验室、研究基地等向学生开放[①]。《意见》提出的建议涵盖高等教育发展观、人才培养质量标准、高校办学特色、思想政治教育、文化传承与创新等多个方面，为我国高等教育的发展提供了正确的指导和强有力的支撑。

随着我国经济进入新的战略发展机遇期，加快构建高产、优质、生态、安全的农业体系已经成为未来农业发展的主要目标，因此，我国对农林人才的需求产生了新的变化，对农林人才创新创业能力培养提出了新要求。卓越农林人才培养计划的启动，正是在我国传统农业教育的大背景下，结合当前农业现代化趋势，从不断改变的人才需求出发，适时提出了变革传统农业教育教学方法，提高人才实践能力和创新能力的新培养目标。结合我国农林人才培养现状以及国家对农林人才的需求，在教育部不断出台的现有相关文件和政策的基础上，借鉴国外发展经验，还需要从以下四个方面对我国农林人才的培养方式提供政策保障。

1)提升农业教育地位，完善农林人才就业环境

与其他热门类别专业相比，农林专业通常不是很多学生就读的首选。究其原

---

① 教育部. 教育部关于全面提高高等教育质量的若干意见[EB/OL]. (2012-03-16) [2020-06-20]. http://www.moe.gov.cn/srcsite/A08/s7056/201203/t20120316_146673.html。

因，一方面是受社会风气等主观因素的影响，另一方面是因为农学就业范围相对狭窄，存在大部分相关岗位薪水较低、就业时对性别存在一定的歧视等就业困境。要创新农林人才培养模式，首先要打破传统习惯中轻农抑农的错误思想，提高农业在国民经济中的地位，改善农民在社会公众心目中的形象。应该加强对农林类专业的宣传，将农学教育引入中小学课堂。较早地在中小学教育中开设农学基础知识和相关实验实践，可以在拓阔中小学生视野、促进其全面发展的基础上，增加其对农业领域的兴趣并提高其将来从事相关专业的可能性。大力宣传在农业科学领域中做出杰出贡献的科学家、实业家的先进事迹，营造一种农业大有可为的社会氛围，改变学生对农业相关学科的刻板印象，用新的眼光和新的角度去看待和审视农学。

针对农林类专业严峻的就业问题，改善农林专业的就业大环境更为重要。政府应出台相关政策以保障农林专业人才的就业与发展，解决其就业难、就业不平等的现象。应增加政府与相关事企业单位合作，创造更多农林专业就业岗位，并提高行业平均工资，增强行业吸引力。在政府政策扶持的基础上，企业也应肩负起解决就业问题、促进社会和谐发展的使命。适当增加农林专业相关岗位数量、提高相关招聘透明度、完善招聘的相关流程以及提高农林岗位的工资，完善企业关于农林人才的招聘与就业制度。企业还应该提供更多的实习机会给农林专业在校生，增强其社会实践能力，提高农林专业学生毕业时的对口度和就业率，增强农林专业相关人才的就业竞争力；作为农林相关专业的学生也应重视专业实践能力，在学习基础知识和相关专业知识的同时也应该深入基层进行实地考察，尽可能争取企业实习机会，在考察与实践中完善并丰富自己的知识体系，锻炼并提升自己的相关专业能力。

2）注重教育公平，推动教育平等化

农村地区由于教育资源较为匮乏，教学条件不尽如人意，导致农村地区的学生本科率和一本率均远远低于城市地区。但往往这部分学生可能是对农学最为了解也是最感兴趣的，这就造成了农林专业有条件的学生不愿意报考，有天赋、有意向的学生却不能报考的尴尬局面，对农林专业人才是一种极大的资源浪费。为解决这个问题，需要均衡财政分配，加大对农村偏远地区的教育投入尤其是有针对性地投入，尽早了解有意愿和有能力学习农学的学生情况并对其进行补助。同时应完善招生办法，鼓励有条件的地方开展定向免费教育，吸引一部分优质生源报考农林专业，并大力扶持卓越农林人才，建立农林专业的激励制度，充分利用助学金、奖学金以及各类教育基金对农林专业的学生进行助学、升学和就业方面的激励，使学生在农林专业的学习与生活上没有后顾之忧，更加投入地进行钻研与创新。此外，由于教育资源多向重点院校倾斜，导致有些地方省属院校教学设备落后，缺乏硬件资源，不能给予学生充分的教学环境和资源。针对这个问题，需要加大对农村地区以及地方院校的教育投入，一方面是在教学经费和配套措施上的投入，这是实现卓越农林人才教学的基础条件，只有具备了实践的设备和保障条件才能进行充分有效的实践教学；另一方面是在招生政策上应有所倾斜，可以通过分配招生名额、践行区域加分等措施均衡高等教育系统，改善弱势群体的教育环境，使偏远地区享受到应有的教育平等机会。

3）构建适用于卓越农林人才培养的教学体系

目前高校培养农林人才过于强调专业知识的完整性和系统性，人才培养方案往往具有通用性，从而削弱了对学校特色以及培养对象个人特色的注重，导致农林人才培养系统的目标与特色不够鲜明。"卓越农林人才培养计划"指出，不同类型的人才具备不同的特点，培养目的也不同，应选择不同的培养方案，因此高校应找准培养对象的定位，在拔尖创新型人才的培养方面，应择优选拔具有创新精神和创新意识的学生，重点培养其学术能力和创新能力，依托各级科研基地平台，强化该试点类别项目学生的科研能力和创新能力，支持该类学生积极参加各类创新大赛和活动，鼓励其进行对外交流，拓宽视野和思维，成为国际化创新人才。对于实用技能型人才，更多的是培养该类试点人才的实践性，实用技能型人才的培养主要面向农林基层，因此须根据基层农林业的需求，改革教学内容和课程体系，加强高校与实践平台的合作，为学生提供更多的实践机会。而复合应用型人才的改革目标是培养出适应农业现代化和社会主义新农村建设需要的人才，在该类学生的培养过程中，应注重培养其解决实际问题的综合能力，探索农林院校与农林科研机构和相关政企的合作新路径，建立健全相关评价体系。卓越农林人才的培养主体应该不仅限于学校，还包括相关政府机关、当地科研机构和企事业单位等。对卓越农林人才的培养应该结合学校的自身情况和经济发展的重大战略需求，发挥"政产研"作用，用各方优势不断促进卓越农林人才培养计划的实施与完善。

4）改革高校教师任用体制，提高"双师型"教师比例

教育部在文件中提出了要改善教师队伍结构，设立"双师型"教师岗位的要求，但不少地方院校仍存在重学历而轻实践能力的情况，在人才引进上更愿意接受博士学历并且名校毕业的老师，而真正在基层打拼、具有丰富实践知识的高级技术人才和专业技能人才很难直接进入高校工作（邓仕明等，2018）。针对卓越农林人才师资队伍的建设情况，高校应积极构建校企合作、政校合作的平台，一方面积极引入高级技术型人才和专业技能人才，鼓励实干人才到高校任职或是以讲座的形式直接指导学生，全面落实"双导师"岗位建设办法，为卓越农林人才培养对象同时提供校内导师和校外导师的指导，校内导师负责学生的学习、生活和健康，指导学生完成日常课程的学习，帮助其提高学习能力和学术素养，校外导

师主要负责指导学生实践操作，培养学生创新创业能力。另一方面选派优秀教师进企业学习，支持优秀教师在卓越计划范围内接受职业资格培养，努力提升中青年教师的实践能力和操作能力，在不增加任用教师数量的情况下提升"双师型"教师比例，为卓越农林人才培养计划的实施提供教学质量保障。为避免高校对任职教师学历的盲目追求，教育部评选高校等级时应将双师型教师的数量和质量评选包含于学校综合实力的考察内，推动高校改革教师任用体制的进程，实现教师综合素质的提高。

6.1.2　规范双一流工程建设的引导政策

　　为了解决高等院校建设中的竞争缺失、身份固化等问题，高等教育发展迫切需要加强资源整合、创新教育实施方式。国务院于 2015 年发布《国务院关于印发统筹推进世界一流大学和一流学科建设总体方案的通知》，"双一流工程"的建设即以一流为目标、以学科为基础、以绩效为杠杆、以改革为动力，引导、支持和推动具备一定实力的高水平大学和高水平学科进入世界一流行列，进而在 21 世纪中叶实现基本建成高等教育强国的总体目标①。该工程的建设任务涵盖多个方面，包括建设一流师资队伍、提升科研教育水平、传承创新优秀传统文化以及加快推动科技成果的转化，目的是将双一流的建设与我国经济社会的发展建设结合起来，相互推动，实现教育成果向现实生产力的转化。教育部、财政部和国家发展改革委于 2017 年公布了世界一流大学和一流学科建设高校及建设学科名单，包含 42 所一流大学建设高校和 95 所一流学科建设高校。其中，农林类院校和农林类专业在建设名单中占有较小的比重，包括中国农业大学、西北农林科技大学、北京林业大学等，都被列入一流建设的名单。基于此政策，我们可以看出，"双一流工程"是基于我国经济发展现状以及高等教育发展需求所做出的具有中国社会主义特色的战略布局，也是我国高等教育系统的一部分，但是对农林院校的发展而言，其支持的力度还比较有限。该工程将在未来很长一段时间内影响我国高校的建设和发展。因此，我们更应该以一个全局性、长远性的眼光制定支持农林院校的长期健康稳定发展的政策。

　　1）实施动态管理，加强高校竞争意识

　　高校身份的固化很容易让高校安于现状，以往的"985 工程"和"211 工程"就存在这样的不足。"双一流工程"的目标之一就是要改变以往"一选定终身"的局面，实施动态管理。不管该学校是不是包括在"211 工程"和"985 工程"中，只要是具有自身优势和特色的学科，不论是部属高校还是地方院校，都可以被划

---

① 国务院. 国务院关于印发统筹推进世界一流大学和一流学科建设总体方案的通知[EB/OL]. (2015-11-05) [2020-06-20]. http://www.gov.cn/zhengce/content/2015-11/05/content_10269.htm。

进"双一流工程"中的一流院校或是一流学科建设,并且实施动态检测,及时跟踪指导,在建设过程中如果存在实施不力、建设进度缓慢或缺乏实效的高校,将相应减小财政支持力度,对存在重大问题、不再具备一流建设条件并且改进无效的建设高校及建设学科应调整出建设范围。动态化的调整可以有效降低同质化教育,避免形成千篇一律的教学局面,突出不同院校的特色学科和优势项目,实现教学资源最大程度的利用,也在一定程度上加强了高校的良性竞争,有利于学校间的共同进步与发展。因此我们必须明确,"双一流"名单中的大学和学科并不是代表这些大学和学科已经具备了世界一流的水平,而是这些大学和学科具备成为世界一流的能力和潜力,到底能不能成为世界一流,还要看建设的最终结果是否令人满意,能否达到标准。同时已经被划入计划范围的高校也必须不断努力和提高才能在建设的过程中不被淘汰,否则会被其他高校所取代。

2) 因校制宜实施农林专业教学改革

由于"双一流"建设更加注重高校与学科的特色发展,且农林专业本身就具有很强的地域性特征,如果对农林人才的培养脱离了当地实际情况和需求,会产生供求上面的偏差。因此,各个高校应该因校制宜,根据当地区域环境特征,立足于本校优势与特色,走"切入点小、研究精度大"的院校发展路线。不同院校应根据自身所处地域环境特征的不同,结合自身的科研情况发展相关区域的农业研究,重点对所处区域的农作物和相关农产品进行研究分析,形成相应的研究团队,进而打造出具有自身特色、独树一帜的区域农林研究学科和院校,创造出有价值的产品和研究成果,实现专业化、特色化农林学科和院校的建设。为了实现这个目标,相关高校应对农林专业进行专业的引导和扶持,一方面结合本地农林产业现状和特点,分析当地农林业发展的目标以及对人才的需求,以此设置人才的选拔标准和培养内容,努力培养适应当地需求的卓越农林人才。另一方面要处理好学校建设与服务地方的关系,人才的培养始终离不开现实的需要,高校应该加强与当地企业和科研机构的合作深度,尤其是在地方院校的建设中,更需要依赖当地特色企业以构建支撑产业转型和区域发展的学科,做到立足当地、服务当地,引导当地农林产业发展建设,推动产业链的整合,促进当地农林产业结构的优化升级,推动地方经济发展。

3) 推动农业院校的高质量建设与发展

随着中国经济的快速发展,人们的生活节奏越来越快,各个行业更新换代的速度也在加快。但是教育不同于其他行业,是需要一定的内涵沉积才能有所成就的。我国是农业大国,但距离农业强国还有很长一段路要走,这个重任自然放在了农林院校的肩上,培养新世纪需要的拔尖人才是高校的责任所在。被划进"双一流工程"意味着会得到一定程度的经费支持,但这只是一方面。高校还需要创新人才聚集机制，吸引优秀教师和优秀学生，加快青年杰出人才领军人物的形成，用人才培养人才，强化高校的科研气氛。声誉对于高校来说并不是一天建立的，大部分世界著名高等学府都是通过了时间的考验才闻名于世，因此我国高校应重视知识的增值和人才的流动，从而实现声誉的再生产，通过加强高校自身水平提高声誉，带来相关附加价值，获得社会各界的支持。机制的完善也是高校改革的重要组成部分，从模仿到独创是我国高等教育发展的必经之路(庞守兴，2017)，因此我们应该在借鉴国外高等教育学府教育体制机制的基础上，开辟出具有我国特色、能体现高校特征的高等教育制度。农学是解决人们吃饭和生存问题的学科，是一个高尚的学科，农林类院校应该以肩负人类使命为己任，以科技为推动力，培养出一批又一批的新时期卓越农林人才。

4) 推进高校间合作联系，实现共同发展

目前我国虽有"C9"^①这样的顶尖大学高校联盟，但是所涉及的大学毕竟是少数，能够得到交流机会的学生也十分有限。因此，高校联盟可以扩展到"双一流工程"中的其他高校，不同学校间的交流不仅可以使学生体验到更多不一样的学习环境，提高其学习的热情，更可以实现不同强势学科间的融合，碰撞出新的火花。尽管大学学科因为研究对象的不同而具有一定的差异，形成了学科边界，但这是可融通的非刚性边界。一方面，资源的竞争可以加强学科建设力度，提升效率；另一方面，合作则可以实现资源的流通，进而从对方身上学到知识，积累经验(潘静，2016)。以农学为例，农林类高校可以开展本科生和研究生在不同高校之间进行交流的项目，互相承认其学生在对方学校修的课程和学分；农林专业也可以和本校或外校的其他专业进行学术上的合作和知识结构上的创新，不同领域知识的碰撞可能会产生意外的收获。"双一流工程"的建设可以强强联合，实现优势互补，使强势学科进一步拔尖，也可以以强带弱，形成不同大学、不同学科的带动机制，进而优化高等教育结构，实现教育资源的整体提升，推动高等教育强国的建设。

5) 推动 "双一流工程" 与 "卓越计划" 的融合

"双一流工程"与"卓越农林人才培养计划"(以下简称"卓越计划")虽然各有所侧重，但二者并不矛盾，而是相互交融、相互促进的关系。"卓越计划"作为农林类人才培养的总目标，"双一流工程"名单中的高校应该借鉴卓越农林人才培养所需条件进行建设，为我国卓越农林人才的培养打下基础。卓越人才的培养需要一流的师资力量、较高的科研水平和浓厚的文化底蕴，"双一流工程"建设高校应该根据这些条件对自身进行审视，看是否达到相关标准，是否能为卓

---

① 即九校联盟，成员为国家首批"985 工程"重点建设的 9 所一流大学，包括北京大学、清华大学、复旦大学、上海交通大学、南京大学、浙江大学、中国科学技术大学、哈尔滨工业大学、西安交通大学。

越计划的实施做出贡献。同时，"双一流工程"是我国高等教育的重要战略组成部分，是我国高校改革的重大战略发展方向，"卓越计划"应该在执行的过程中主动融入"双一流"这一重要战略，在大目标统一的基础上形成合力，推动卓越人才的培养，进而实现我国成为高等教育强国的目标。

6.2　卓越农林人才培养的财政支持政策

6.2.1　财政资金扶持政策

2013 年，教育部、原农业部和国家林业局发布的《教育部 农业部 国家林业局关于推进高等农林教育综合改革的若干意见》指出，要加大高等农林教育投入，科学核定、逐步提高涉农专业生均拨款标准。加大高等农林教育支持力度，加快重点实验室、重点学科的建设，稳步提升高等农林教育质量水平[①]。"双一流"建设的总体方案指出，财政支持是建设"双一流"不可或缺的环节，因此将针对中央高校和地方高校建设提供不同的财政支持方案。针对中央高校的双一流建设，中央财政将其纳入中央高校预算拨款制度中统筹考虑，并通过相应的专项资金给予引导和支持。针对地方高校，由地方财政统筹安排资金，并且结合各地实际情况进行推进，中央财政给予相应的资金支持和引导。只有加大对高等农业教育的财政倾斜力度，才能改变目前农林类综合院校和学科的弱势地位，进而为我国提升农业科技水平、建设农业强国培养后备人才。

1）加大对农林院校的财政支持力度

加大农业教育经费投入，提高高等农业教育资金使用效益。尽管高等农业教育拨款呈逐年上升趋势，与其他高等教育拨款比例基本相同（李伟东和潘伟明，2010），但由于我国高等教育投入较世界教育强国明显偏低，且高校农业教育教学存在教学成本高、回收周期长等问题。因此，要想发展我国高等农业教育，对农业院校的财政支持力度势必需要加强。各级政府应尽快明确对高等农业教育经费的投入责任，对高等农业教育实施适当的财政政策倾斜，帮助农业院校扩大其办学规模，完善高校硬件设施基础配置，提高办学水平。改革目前财政拨款依据招生数量的现状，增加对农林类专业学生的拨款，提高奖励力度，扩大奖励范围，鼓励优质生源报考农林类专业，实现招生与财政拨款的良性循环。完善"以财政拨款为主"的教育经费保障体制，依法编制高等农业教育经费预算，优化国家财

---

① 教育部，农业部，国家林业局. 教育部 农业部 国家林业局关于推进高等农林教育综合改革的若干意见[EB/OL].（2013-12-11）[2018-06-07]. http://www.moe.gov.cn/srcsite/A08/moe_740/s3863/201312/t20131211_166947.html

政性教育经费支出结构。同时提高高等农业教育资金使用效益，借鉴国外高校投资评价绩效经验，从"投入—过程—产出"指标综合分析（史万兵，2010），加强高校投资绩效评估，及时调整高校资金投入方向和力度。建立完善的高校资金使用监督机制，公开高等农业教育投资使用方案，接受社会各界的监督，实现专项资金使用的透明化和效益最大化。

拓宽高等农业教育资金来源，实现办学经费渠道的多元化。农业类院校由于学科和学校性质的特殊性，一方面需要更多的资金支持日常教学，另一方面存在经费来源渠道单一、资金供求矛盾突出等问题。要解决这些问题，农林高校应改变以往"等、靠、要"的消极思想，树立多元化筹资理念，协调各学院、各部门的整体需求，统一目标，积极拓宽筹资渠道，实现高校的长远发展。学校应简政放权，适当提高学费住宿费标准，增加高校事业收入占比，针对贫困学生制定相关补助和贷款优惠政策，加大农林专业专项资金补贴力度。在优惠政策上，由政府对高校贷款提供担保，降低贷款利息，实行贷款优惠政策，减轻高校利息负担。在税收方面，对高校投资收入与接受社会捐赠实行全额免税优惠，科研成果的转换加计扣除税收，减免除个人所得税外的其他税收。进一步加大人才发展资金投入力度，保障人才发展重大项目的实施。在办学上，给予高校更大的自主权利，实现高校办学市场化，具体可推广双学位、成人自考、专业技能考试培训等，高校按比例提成。充分利用高校自身知识密集型优势，大力发展校办产业，政府对此给予减税或免税支持。农林高校要扩大社会影响，鼓励和支持企业和社会组织建立人才发展基金，用培养卓越人才的成果吸引更多的社会捐赠资金。

实现农林专业国际化办学，吸引海外生源。农林类院校和学科应结合我国农林业发展现状，放宽海外生源报考限制，利用我国现有优秀农业成果，走特色化道路吸引海外生源。加大宣传力度，可通过设置开放日、提供机票补贴、赠送礼物等方式鼓励学生和家长来国内高校进行自主考察，承诺为成绩优异的学生来华学习提供奖助学金，提升高校在海外的宣传效果。积极与海外高校，尤其是与美国这样的农业现代化强国进行合作，增加交换生数量，扩大交流机会，实现双赢的局面。加大我国高校农林类专业对外开放力度，不仅有助于实现高校资金来源的多元化，提高高校收入，还可以为我国农林业发展带来新鲜血液，取长补短，进一步促进农林类学科和院校的全面建设。

2）增加财政对农林人才的资助力度

一要创新机制，建立和完善人才储备金制度。针对山区县农林人才匮乏、人才难留的现状，地方政府应积极配合中央领导，破除原有老旧体制机制，放宽用人眼界，向用人主体放权，为人才松绑。同时完善和创新人才机制，建立人才储备金制度，根据奖励对象的人才等级、工作年限等特征设立不同层次的标准，为农林业高层次人才储备一定的服务期储备金。人才储备金制度的特点是储备金随着人才扎根时间长度而不断累积（方敏，2016），因而可以在很大程度上遏制人才的外流。除此之外，各市县可研究制定适合本地区实际引进卓越农林人才的其他制度，如放宽人才准入政策，对高级农业人才提供安家费、实施住房补助、解决子女上学问题等。创新改革农林人才管理机制，充分发挥各层次人才的积极性和创造性，在本职岗位上发挥出自己的最大价值。只要制度效果好，市县政府切实加大农林人才财政投入，省政府可予以奖励，以此鼓励下级政府加快农林人才制度的完善和创新过程，把政府工作贯穿于人才工作的全过程，实现二者相互协调、相互促进、相互发展，从制度层面保障农林人才的待遇，从而解决农林专业报考人数少、毕业后的专业不对口等问题。

二要确保农林高校的优质生源，为毕业生提供就业优惠。用人单位对综合性大学学生的青睐以及农林类学科就业范围的局限性一方面使得考生对农林类专业报考热情不高，另一方面也使得大量农业院校农科类专业的学生放弃农业岗位，转向非农业岗位，造成农林专业学生数量不断下滑、就业质量不断降低的局面。要打破这个局面，首先应保证良好生源，高校要加大农业招生资金的投入，对报考农林专业的学生给予一定奖励和优惠，增强农业院校和学科的吸引力。其次，改善农业办学条件，积极举办农林类知识竞赛和实操训练，对胜出者给予奖励，以此增强农林类专业学习的趣味性，提高教师待遇以吸引优秀人才，提升教学质量和教师科研水平，用高校自身教学实力吸引优质生源。最后，改善就业环境，鼓励农林院校和学科毕业生定向就业，对愿意深入农村基层的学生给予奖励，对就职于农业岗位的学生和提供用人机会的企业给予补助，提高农业院校和学科毕业生的就业率与专业对口率，以更好地实现卓越农林人才培养计划的目标，促进农业现代化发展。

三要多途径实现校企合作，全方位提升农林人才培养水平。校企合作的重点在于以市场需求为导向，高校和企业共同培养人才，注重学生的综合素质培养以及就业能力锻炼，校企合作是培养实用技能型和复合应用型农林人才不可或缺的教育运行机制。企业可以从以下几个方面对高校农林人才培养进行资金扶持：在师资力量上，企业可无偿或降价提供技术支持，委派本企业高级技术人员进入高校与在校老师共同培养卓越农林人才，提升农业院校"双师型"教师比重，通过接受在校生到企业实习，给予学生相应的实习补助或工资薪酬，激励农林院校或学科的学生参与相关农业实习活动，让学生在提高自身综合素质、获得收入的同时为企业带来经济效益。在科研成果转化上，采取共同申报课题、共同解决企业生产和管理中存在的实际问题的方式（蔺万煌等，2018），将农林学科成果转换为实际生产力，为企业、高校、学生个人带来切实的收入。在资金补助上，企业可通过赞助农业院校活动、举办农业知识竞赛等方式，为胜出者提供相应的奖金，在提高企业知名度的同时实现对农林专业学生的鼓励和培养。除此之外，考虑与特别优秀的学生提前签约，承诺毕业后直接进入企业工作并且给予学生一定数目的安家费，为企业源源不断输送高素质卓越农林人才。

6.2.2　创新创业扶持政策

知识经济的迅速发展促使人才教育制度发生深刻变革，人口红利逐步消失，社会老龄化加重，经济发展方式由"资源驱动"阶段向"创新驱动"阶段转变。创新需要人才的创造力、创新精神以及创新能力，由此对高等教育提出了更高的要求。"卓越农林人才教育培养计划"明确指出要改革教学组织方式和人才培养模式，注重培养学生的创新思维和创新创业能力，建立健全有利于拔尖创新型农林人才培养的质量评价体系，加快拔尖创新型农林人才的培养模式改革试点进程，满足我国经济发展对创新型农林人才的需求。

《中共中央关于全面深化改革若干重大问题的决定》指出，要完善扶持高校毕业生创业的优惠政策，创新创业的机制体制，结合产业升级开发出更多适合高校毕业生就业的岗位，刺激以高校毕业生为重点的人群进行创新创业，激发青年一代创新创业的热情，从而推动和升级国家产业发展。《国务院办公厅关于深化高等学校创新创业教育改革的实施意见》指出，在指导思想上要全面贯彻党的教育方针，坚持创新引领创业，创业带动就业，以推进素质教育为主题，以提高人才培养质量为核心，以创新人才培养机制为重点，加快培养规模宏大、富有创新精神、勇于投身实践的创新创业人才队伍，不断提高高等教育在培养创新创业人才过程中的中流砥柱作用，为建设创新型国家、实现中华民族伟大复兴的中国梦提供强有力的人才智力支撑。加大我国对人才创新创业的扶持力度，不仅要从资金的投入着手，还应协调各方力量，根据不同层次人才实施不同的激励办法，实现政策效果的最大化[①]。

1)加强对农林院校创新创业教育的引导

改革教学方法和考核方式，加强学生创新能力培养。农业院校应重点改革教学方法和考核方式，将培养学生创新创业能力的过程融入日常教学中，广泛开展讨论式、参与式、启发式教学，鼓励学生在实践中找寻和激发创新创业灵感。积极开拓学生的国际化视野，带领学生了解农业领域国际前沿学术发展和最新研究成果，掌握国际最新动态，学习国外先进农业知识，根据我国国情，有针对性地吸收和发扬。将大数据技术与学生的教学相结合，及时掌握学生的学习情况和需求，为学生安排更加灵活的教育资源，有助于学生在宽松的学术氛围下提高创新创业能力。改革高等院校的考试考核内容和考查方式，注重分析学生的学习能力和创造能力，鼓励学生探索非标准答案，逐步消除"高分低能"现象，提升人才的综合素质。加强教师创新创业教学能力建设，将学生创新创业能力的培养结果

---

① 国务院办公厅. 国务院办公厅关于深化高等学校创新创业教育改革的实施意见[EB/OL].(2015-05-13)[2018-6-7]. http://www.gov.cn/zhengce/content/2015-05/13/content_9740.htm

量化，计入教师的专业技术职务评聘和绩效考核标准，建立定期考核和淘汰制度，不断完善教师创新创业能力的考评机制。聘请校外农林业优秀人才担任高校专业课、创业创新科授课的指导教师，建立并不断完善高校优秀人才储备库。因校制宜，根据不同专业制定带有自身特色的创新创业指导课，鼓励高校自主编制专项培训计划，对有突出成果的项目进行奖励推广。

明确学生需求和目标，为大学生创新创业营造有利环境。要提高大学生创新创业热情，提升学生的心理素质，明确学生需求，帮助学生树立正确的目标。高校应根据农林类专业学生不同的职业发展规划制定各具特色的职业发展途径，积极配合学生创新创业过程的进行，实施有利于学生潜心研究和创新的科研管理制度和考核方式，帮助农林专业学生在创新创业实践中获得自我认同感和成就感。同时，有计划分层次加强试验场所建设，在现有资源上分层次充实和调整适合培养学生创新创业能力的实际需要（朱勇等，2018）。虽然农业院校已建有一定数量的实验室，但多用于对理论教学的补充，在创新创业方面略有不足，因此高校应根据教学需要配套足够的设施，使学生通过在实验室练习操作、基地模拟实训等方式获得更加扎实的基础知识。将知识进行消化、吸收、重组和再吸收，促使学生对农林业基础知识的学习上升到理性高度再逐步转化为创新意识。充分借助社会民间力量加强校外实验基地的建设，直接真实地面对行业生产状况，通过亲身实践，让学生了解和参与实验室成果转化为社会产品的一系列过程，加深学生对创新创业的认识和理解，培养学生在更加贴近社会现实的基础上创新创业的意识和能力。

建立和完善大学生创新创业管理体制和保障机制，为梦想保驾护航。为了进一步提高大学生的创新创业能力，农林类院校应建立和完善大学生创新创业管理机制，推动相关课程的开发与普及。高校可以设置多个大学生创业服务中心和创新创业指导中心，设立大学生创新创业能力指导委员会等机构，由负责学生工作以及创新指导课的老师带队，由委员会的学生干部进行管理，统筹协调，通过师生互动、联合管理的方式发挥各自所长，形成各部门共同配合、全体教职工和学生积极参与创新创业能力培养的良好氛围。农业院校还应进一步完善大学生创新创业的保障制度，通过定期投入教学经费、补助创新创业项目、设立相关奖励金等方式，在资金方面确保大学生创新创业活动的顺利进行；制定科学合理的培养政策和制度，加快推进大学生创新创业能力培养的规范化、有效化和制度化，提高培养效率和质量。

2）加大对农林行业创新创业的支持力度

广泛宣传国家关于创新创业的优惠政策，帮助学生树立正确的创新创业观。我国正朝着农业现代化的方向迈进，由过去粗放式、经验化生产发展为集约式、标准化生产，而生产方式的变革意味着人才需求的变革。农林院校的大学生应意识到现如今农业生产领域的深刻变革，因此，农林院校应积极广泛地宣传国家和地方政府关于大学生创业的相关政策，使学生意识到创新创业是可行之路，是符合现如今经济发展和国家需求的道路，充分发挥思想政治教育功能，营造鼓励创新创业的良好舆论氛围，鼓励农林院校大学生进行自主创业。组织大学生参与各种形式的创新创业活动，坚定大学生创新创业的信念，增强信心，帮助大学生树立科学的创新观、创业观和成才观。立足于院校自身特殊性和区域经济特征，充分了解农林业现状，认真思考，反复评估，正确看待创新创业活动，做出理性判断。鼓励学生在校期间多学习、多实践，努力提升自己的创新创业能力，扬长避短。注重对大学生创业心理的教育和辅导，尊重大学生自我成就需求的满足，培养创业的勇气，敢于创业、善于创业，最终做到成功创业。

开展丰富的创新创业课外活动，提高农林人才综合素质。要培养农林院校大学生的创新创业能力，校园创新创业的氛围不可或缺。只有在一个积极的环境之中，才更有可能涌现出更多的创新创业人才。学校应积极组织各种创新创业竞赛活动，鼓励农林专业的学生通过校内比赛、校外比赛甚至是国际间交流的方式，在合作和竞争中磨炼自己，提升自己的能力。组建创业型学生社团，大学生社团作为非正式群体，在培养能力、加强同辈交流、促进学生全面发展等方面起着不可替代的作用。由优秀指导老师带队，引导社团的健康发展，学生通过组建和参与创业型社团，有利于尽快融入创新创业的气氛，培养创业创业能力。学生不管是以个人形式还是以团队的形式参与各类社会实践活动，都可以通过利用社会的广阔舞台和丰富资源，锻炼自身的能力，更好地适应社会需要，融入社会，成为契合社会需求的创新创业型人才。深化与校外企业的合作，校外企业可以通过多种形式与校内培养进行合作，除了提供相关实习岗位，还可以与高校共同组织竞赛，以企业自身行业环境和生产方式出题，使学生以第一视角解决实际问题，这不仅可以挖掘学生自身潜力，也可能为企业提供发展新思路。

调整人才结构，着重提升卓越农林人才创新能力。发展新型农业、走农业现代化道路，对拔尖创新型人才的培养必不可少。国家应重点鼓励农林人才进行创新创业，改善农业科研条件，加大农业创新实验基地投入，对实验室老旧仪器设备和试验场地进行更新换代，充分发挥实验教学示范中心的共享功能，保障农林院校和学科学生科技创新实践活动的有效开展，为培养拔尖创新型农林人才创造硬件条件。优化人才培养环境，促进知识产权质押融资、创业贷款等业务的规范发展，完善知识产权、技术等作为资本参股的措施，加大税收优惠、财政贴息力度，完善支持人才创业的金融政策。打造专家团队，发挥人才的聚集效应，对愿意带动农林人才创新活动的领军型人才给予奖励，扶持创业风险投资基金，为农业领域创新创业活动提供财政支持。加快农业创新成果转化落地，提高创业成功率，深化农业科技体制改革，为特色农业、高端技术农业发展提供政策保障。逐步建立起以政府为主导，高校、科研机构和涉农企业、经营大户等广泛参与，以卓越农林人才为培养对象的多元化人才培养服务体系。进一步完善农业科技人才激励体制、自动流动体制，积极发挥农业技术人员对卓越农林人才培养对象的示范带头作用，按承担任务量给予相应补助，加大各类农村创业人才培养计划实施力度，扩大创业培训规模，提高创业补助标准。

6.3　卓越农林人才培养的公共服务政策

6.3.1　完善人才培养的公共服务体系

人才培养的公共服务是提高农林人才可行能力的重要条件，尤其是公共就业服务，不仅为农林人才提供了稳定的收入来源，更是关系到人才的尊严和信心，甚至在一定程度上可以决定人才的卓越程度。建立完善的农林人才培养公共服务政策有助于提高人口素质，加强农林人才创新能力和综合能力，整合人力资源，实现我国从农业大国向农业强国的转变。《国家中长期人才发展规划纲要(2010—2020 年)》提出，要"实施促进人才发展的公共服务政策"，"完善政府人才公共服务体系，建立全国一体化的服务网络"。具体包括健全人事代理、社会保险代理、企业用工登记、就业服务等公共服务平台，满足人才多样化需求。同时要求政府创新提供人才公共服务的方式，建立政府购买公共服务制度，加强对人才公共服务产品的标准化管理，大力开发公共服务产品。党的十七届五中全会提出要"深入实施科教兴国战略和人才强国战略"，加快教育改革发展，创新人才培养、教育管理等体制，促进教育公平，合理配置公共教育资源，重点向农村、边远贫困、民族地区倾斜，加快缩小教育差距。改革基本公共服务提供方式，增强多层次供给能力，满足群众多样化需求。

尽快梳理整合与修订完善现有农林人才公共服务政策。首先需要对现有农林人才培养的公共服务政策基本框架进行梳理，集中清理老旧与不合时宜的人才培养政策，查漏补缺。考核现有公共服务政策实施效果，保留设计有效且执行效果良好的制度，对低效或无效的制度进行整改替换，重点围绕公共服务政策下农林人才培养的各个环节，进行人才的引进、激励、评价和保障，重视义务教育在人才培养公共服务中的重要作用，将农林教育与义务教育有机结合，提高和优化卓越农林人才培养效率和效果。研究制定农林人才义务教育阶段、高等教育阶段和就业阶段的培养方案，建立完善人才继续教育、人力资源管理和农林人才工作管理等法规、规章或政府其他规范性文件，形成层次分明、覆盖广泛的农林人才培养公共服务法规体系，依法维护和保障农林人才权益，有效推进卓越农林人才培养公共服务的制度化、规范化、程序化。其次在目前已有的农林人才公共服务政策的基础上，加快制定出台新政策，颁布统一适用于各级各类行政事业单位的人才培养公共服务政策，夯实各部门各单位执行公共服务政策的基础，稳步有序推进人才培养公共服务政策的贯彻实施。最后定期对现有农林人才培养的公共服务政策进行检查和分析，遵循科学化、规范化和可行性的原则，对现有的基本规章制度进行整理和分析，有针对性地废止、修订和补充完善。在修订和完善政策的过程中，提升政策透明度，接受社会各界对我国农林人才培养公共服务政策的监督和批评指正，不断完善现有公共服务体系，为农林人才培养公共服务环节提供完善的政策保障。

规范公共信息资源共享，促进服务型政府建设。对农林人才来说，公共信息是培养和就业环节必不可少的资源。我国历来重视公共信息资源的战略价值，也在不断出台相关管理政策，但我国公共信息资源开放尚处于起步阶段，公共信息资源共享还需要不断规范和加强。首先，立法先行，为农林人才共享共用公共信息资源提供法律保障。政府数据开放共享是人民权利实现的重要体现，应通过立法保障人民权利的实现，贯彻实施政府数据开放的原则，实现政府数据面前人人平等，除国家秘密、商业机密、个人隐私以及法律法规规定不得开放的公共信息资源外，政府必须保证向社会开放所有真实数据。其次，搭建公共信息资源平台，维护平台日常运行。要加快公共信息资源开放共享的实际工作进展，推动提供者不断提高开放共享的技术条件和能力，维护数据网站的日常运行，不断完善平台资源整合和数据查找功能，实现其物质载体的作用。拓宽公共信息资源共享渠道，赋予社会公众多途径获取资源的能力，以需求为导向，推动公共信息资源开放共享的中间服务平台建设，有效提升使用者信息资源开发利用的实际应用水平。最后要调动各部门力量，建设服务型政府。数据开放对我国农林业，乃至对整个国家发展都极为重要，是我国提升经济发展、改善国家治理的重要手段。实现公共信息资源开放共享的核心是调动政府部门、市政公用企事业单位、公共服务事业单位的热情，公共信息资源管理机构应统筹管理，遵循协调统一、共同维护、安全高效、节约成本等原则，强化部门协同配合的能力，提高依法行政的能力，推动服务型政府的建设进程。公共机构为信息采集的真实性、完整性、准确性和时效性提供担保，建立相关责任机制，遵循"一数一源"的原则，不得多头采集。加强公共信息资源共享过程的管理，明确共享信息的用途，监管公共信息数据的使用，未经授权不允许第三方改变数据形式，不得变相用于其他目的，如果是通过共享平台有条件获得的数据，不得擅自向社会发布，只能按照事先约定的获取目的进行使用。

加快农业基础设施建设，完善公共服务配套功能。推动农村经济发展、实现农业现代化的重要途径之一是强化农业基础设施建设，我国农业发展正处于"更新换代"的关键时期，对农林人才的培养也处于改革试点的重要阶段。因此，政府应在农业基础设施建设领域加大投入力度，尤其是在农业教育和科技创新等方面，扩大农业基础设施建设补贴规模和范围，确保农林人才培养过程中基础设施的完备性。加强农林人才科技创新能力和专业推广能力的培养，根据农业现代化发展的要求，加大资金投入，整合科研力量，推动我国农业科技创新进程，力争在农业领域核心技术方面取得重大突破。健全县城和区域性农技推广等公共服务机构，加大扶贫力度，鼓励农林人才深入基层，加力支持贫困地区农林水利基础设施建设。培养农林人才的实际操作能力，转变农业生产加工方式，升级产业链，推动农业机械化进程，为振兴农机工业提供重要动力。加强农林人才的生态保护意识，强化生态建设，深入实施天然林保护、退耕还林等重点生态工程，建立健全森林、草原和水土保持生态效益补偿制度，鼓励发展循环农业。强化农业科技和服务体系的基本支撑，首先切实增加农业科研投入，重点支持农业科研机构和高等院校开展基础性、前沿性研究，加强产学研协作，加快实现农业科技成果的转化，大力培养实用型人才，构建新农村实用人才培养计划，加快提高农业人才的素质和创新创业能力。支持高等院校设置和强化农林类专业，国家财政对农业院校和专业给予倾斜，对毕业后继续从事农林业基础建设和研究的学生进行财政补贴，工作满一定年限后实施奖励和政策优惠，并提供相应的工作证明，尽快落实发展中地区农林院校和专业学生的补贴政策，实现培养对象平等化。高校应自觉肩负起理论宣传的重任，培养农林人才对农村发展的信心和责任心，鼓励在校学生利用课余时间到农村地区义务普及先进农业知识，演示农业科技产品的生产和使用，强化从事农业的工作者对公共服务基础设施的了解和认识，推动农业公共服务基础设施的建设与配套进程。

加强人才培养公共服务政策的宣传与监督，营造良好的政策环境。充分利用现代化通信设备，如手机、电视等，定期公布和宣传现有农林人才培养公共服务政策。通过在各种媒体上开设专题专栏，为农林人才政策造势，创造农林业良好的舆论环境，表达国家对农林业的重视程度，吸引优质生源报考农林专业，推动技术型人才从事农业。对农林人才培养公共服务政策的执行，应明确责任主体和服务对象，制定检查监督的范围、职权以及程序和方式，定期反馈监督结果。一个完整的政策过程不仅包括政策的制定与宣传，还应包括对政策执行的检查监督与反馈，进而不断修改和完善。因此，要建立完善的农林人才培养公共服务政策执行主体的考核评价体系，跟踪调查公共服务政策的实施过程，将政策执行情况和执行结果进行量化分析，重点关注"公共服务政策是否运行，是否有效"，对设计好并且实施有效的政策予以推广，加大执行力度，针对设计有缺陷或者落实情况不好的政策，及时修订或废除。除此之外，一项政策的执行是否有效，与外部环境密切相关。应从整体入手，系统改善经济社会发展的环境，推动社会公共服务体系的完善，为农林人才培养的公共服务政策创造良好的社会环境。要切实转变政府职能，构建现代化治理体系，提高公共服务政策修订和执行效率，政府应加强政策机制设计，建立公开、透明和稳定的公共服务机制，促进公共服务数量和质量的升级。改进监管体系，简化放权，让社会各界共同参与政策的监督检查，处理好政府与社会的关系。推动完善农林人才培养公共服务政策体系，优化政府财政支出结构，提高公共资金使用的社会效益，改善市场环境，进而提高公共服务政策对农林人才培养的贡献程度，提升培养效率。

6.3.2　完善人才培养的法律保障制度

自我国 2003 年提出人才强国战略以来，人才工作的重要程度便上升到了前所未有的高度，当代中国正从人口大国向人力资本强国转变，在这个过程中，法律保障和制度创新不可或缺。因此，加快构建我国人才法律法规体系，建立完善的人才培养法律保障制度迫在眉睫。

加快落实各项农林人才的相关保障政策。在专业技术人才培养方面，中央办公厅、国务院办公厅联合下发了《关于加强专业技术人才建设的若干意见》，明确提出要制定并完善各类专业技术人才政策，加强宏观调控，坚持效率优先、兼顾公平的原则，充分发挥高校和科研机构在培养人才方面的重要作用，制定科学合理的人才培养计划，加速专业技术人才骨干队伍建设等。原国家林业局制定并下发《关于加强林业人才工作的意见》（以下简称《意见》），《意见》指出加强林业人才工作是推动林业发展一项重大而紧迫的战略任务，要加强林业人员的培训工作，加强对实用型农林人才的培训，要培养出一大批基层实用人才，提高林业企业单位领导干部的经营管理科学水平，优化林业人才的管理体系。大力发展林业教育事业，进一步落实高校和科研机构的责任，加强对林业教育的协调和服务，稳步推进林业高等教育的发展，为培养林业人才做出贡献，推动人才工作法制化，为农林人才培养提供法律制度保障。

在立法层面，要明确人才立法的指导思想。要肯定农林业在我国经济发展中的重要作用，充分意识到农林人才的稀缺性，重视农林人才在新农村发展与城市建设中的重要性，在社会上形成"发展农业经济，尊重农林人才"的良好风气。坚持人才立法的各项基本原则，充分体现人才立法的科学性、系统性、综合性和时代性。注重立法的时效性，从我国实际情况和国际背景出发，结合我国农林业对人才的客观需要，在坚持四项基本原则和社会主义核心价值观的前提下，积极又慎重地建立人才培养法律体系。完善相关法律法规，充分发挥教育在人才培养中基础性和决定性作用。围绕卓越农林人才教育这一主题制定相关法律，如《教育法》、《农林人才教育法》或《专业技术人才继续教育法》等，从法律层面上给予农林教育最大的保障和支持；通过立法推动农林业基础设施建设与配套完善，促进高校与企业合作，建设国家和省部级重点实验室、科研中心和农业培训基地、孵化园等，为农林人才培养创造良好的基础条件和设施环境。同时立法保障农林人才培养的财政支出，实行教育经费单独立法等措施，规范教育经费的来源和分配，加强对经费下发流程的监督，立法保证政府在教育投资上的主体地位和主导作用；对农林人才创新创业实施法律保护，加大农业知识产权保护力度、奖励农林业企业创新成果、完善创新创业风险保护措施，对农林人才创新创业实施财政补贴和政策优惠，从法律上保障人才的创新性和创业热情。

在执法层面，坚持公正执法，确保人才法律法规的有效实施。人才法律法规是我国法律制度中的重要部分，应当享有和其他法律法规同等的法律地位，同样具有至高无上的法律权威。要制定严格的人才法律法规执法要求，细化执法标准，完善执法程序，确保人才法律法规能够被公正、严格地执行。加强建设法治社会的宣传，向公众普及人才法律法规制度，定期到农林企业、科研机构和高校进行法治宣传，促使社会各界重视人才法律法规，自觉遵守法律法规，营造良好的法治环境，为人才培养法律保障制度的实施提供强大的舆论支持。建立和完善行政执法的组织和队伍。定期培训执法人员，实行考核制度，将责任感和使命感量化计入考核标准，对考核成绩不理想的人员进行再教育和重新考核。严格要求国家机关和公职人员，建立自上而下和自下而上的效果考核和评价，重点关注社会大众和受众者的感受与满意程度，采取日常走访和突击检查相结合的方式调查相关执法人员是否严格按照人才法律法规实施人才培养。解决执法不规范、不严格、不透明、不文明以及不作为、乱作为等突出问题，消除执法乱象，纠正选择性执法、恶意执法和情绪化执法等不良行为，真正做到为农林人才办事，身体力行解决农林人才培养中遇到的难题。最后要审时度势，不断调整执法方式。随着我国农林业的不断发展与变化，对卓越农林人才的培养方式也在不断发生改变。因此，在遵守人才培养法律保障制度的基础上，面对层出不穷的新问题和新形势，应学会灵活执法，在公正执法和严格执法的前提下，转变执法思路，调整执法方式，从根本上解决问题，避免"走形式"、"走过场"以及运动执法等问题。执法人员应深入基层，体验农林业从业人员真实的生活和工作环境，对农林人才培养现状形成清晰的认识，明确现有不足，对症下药，提高人才培养法律保障制度的实施效率，把执法工作落到实处。

在监督层面，建立健全监督机制，构建监督主体自我约束体系。要建立完善的监督机制，增强监督法规制度的科学设计和安排，及时查漏补缺，提高针对农林人才培养法律监督机制的适用性和可操作性。加强人才培养法律法规执行力度的检查考评，根据各部门、各单位及其领导承担的执行制度的责任，进一步细化、量化考评目标，并建立一系列完善的考评方法，形成对农林人才培养立法和执法过程的监督。由于监督主体的自我建设直接影响监督效果的发挥，因此，要重视对监督主体的思想建设和行为指导，建立执法监督主体内部必要的督促和制约机制，各监督主体之间构建必要的协调机制，强化监督主体的自我约束意识，促进监督活动的有效进行。整合监督资源，实施有效制约，形成以党的纪检监督为主导，社会监督、舆论监督、人大监督、行政监督等各个监督主体相互配合、协调沟通的监督机制，充分发挥监督体系的整体效益。加大信息公开力度，推动公共监督。不论是立法环节还是执法环节，公众监督都必不可少。加强公众监督，充分发挥舆论监督的重要作用，建立信息公开制度，不断披露农林人才培养法律保障制度建立和执行的最新进展，加大立法和执法过程的监督力度，促使有关机构和部门加快立法进度，推动严格执法和公正执法的进程。在建立农林人才培养法律保障制度的过程中，听取各方意见，将市场导向和立法监督相结合，充分发挥市场的导向性作用，制定出符合行业权威和市场规律的人才培养计划。将执法监管与社会评价相结合，注重反馈整改，通过舆论判断执法力度和执法好坏，同时运用法治和德治两种方式，从社会影响、社会评价和人的内心道德准则全方位衡量执法水平，充分发挥公共监督的作用。

6.4　本 章 小 结

（1）卓越农林人才工程计划是我国系列卓越计划的组成部分之一，也是现阶段我国卓越农林人才培养的指导性文件，结合我国农林人才培养现状以及国家对农林人才的需求，在教育部相关文件和政策规定的指导下，提升农业在国民经济中的地位，完善农业人才的就业环境，完善农林人才就业制度，加强宣传农林专业力度，推动教育的平等化，实现教育公平，改革高校教师任用体制，提高"双师型"教师比例，最后构建适用于卓越农林人才培养的教学体系。

（2）进一步规范和加强"双一流工程"对农林相关高校专业建设和学校建设的引领性作用，打破原有的高校身份固化的弊端，对入围"双一流工程"名单的高校和学科专业实施动态跟踪管理，加强高校的专业竞争意识和整体竞争活力，因校制宜、分区域实施农林专业教学改革，推动农业相关院校的高速度、高质量、高效率的建设发展，推进高校间合作联系，优势互补，以强带弱，实现共同发展，推动实现"双一流工程"与"卓越计划"的融合。

（3）贯彻落实中央各部门关于加快推进农业科技创新的政策措施，加大高等农业教育投入，对培养卓越农林人才进行财政资金扶持。要加大农业教育经费投入，提高高等农业教育资金使用效益，拓宽高等农业教育资金来源，实现渠道多元化和农林专业国际化办学，吸引海外生源，保证农林高校有可持续的优质生源保障，为农林专业毕业生提供更加优惠的就业政策，建立多渠道、多部门参与的校企合作机制和创新人才储备机制，建立和完善农林人才储备金制度，全方位提升农林人才培养水平。

（4）为适应知识经济的发展和建立创新型国家的需要，应加大对农业创新创业人才培养的扶持力度。高等农林院校要改革教学方法和考核方式，明确学生创业需求和创业目标，增加有关创业创新课程的设置，加强学生创新能力培养，着重提升卓越农林人才创新能力；广泛宣传国家关于创新创业的优惠政策，帮助学生树立正确的创新创业观，开展丰富的创新创业课外活动，提高农林人才创新素质；为大学生创新创业营造有利环境，建立和完善大学生创新创业管理体制和保障机制，为农林人才的创业梦想保驾护航。

(5)配套和完善农林人才的公共服务政策，尽快修订完善包括人才培养开发政策、人才评价发现政策、人才选拔任用政策、人才流动配置政策和人才激励保障政策等各项公共服务政策，规范公共信息资源共享，促进服务型政府建设。明确人才立法指导思想，其次是坚持人才立法的科学性、系统性、综合性和时代性的基本原则，完善相关法律法规，坚持公正执法，确保人才法律法规的有效实施，建立和完善行政执法的组织和队伍，建立健全监督机制，构建监督主体自我约束体系，加大信息公开力度，推动公共监督。

参 考 文 献

白逸仙，2014. 建构主义学习理论与创业型工程人才培养——英美高校人才培养模式变革的案例研究[J]. 高等工程教育研究，(5)：46-51.

蔡薇，2008. 湖南省职业院校"双师型"教师队伍考评机制研究[D]. 长沙：湖南师范大学.

陈超，郯海霞，2013. 美国研究型大学卓越人才的选拔与培养[J]. 高等教育研究，34(2)：93-99.

陈恒，初国刚，侯建，2018. 国内外产学研合作培养创新型人才模式比较分析[J]. 中国科技论坛，(1)：164-172.

陈俭，詹一览，黄巧香，2017. 卓越农林人才培养计划下的创新创业实践教学探索[J]. 中国高等教育，(21)：43-45.

陈聚伟，2011. 研究型农业大学硕士研究生培养模式创新研究[D]. 武汉：华中农业大学.

陈丽静，樊金娟，钟鸣，等，2016. 拔尖创新型人才培养模式的研究与实践[J]. 大学教育，(6)：12-13.

陈文龙，2009. 地方本科院校教师年终考评制度的四大缺陷及其改进措施[J]. 扬州大学学报(高教研究版)，(3)：42-44.

陈霞，张星杰，双全，2017. 拔尖创新型卓越农林人才培养模式的初步探索与思考——以内蒙古农业大学食品科学与工程专业为例[J]. 内蒙古农业大学学报(社会科学版)，19(4)：92-96.

成永生，2018. 国际化视野下"卓越计划"面临的主要问题及应对策略[J]. 高教学刊，(8)：20-23.

重庆市人才公共服务政策研究课题组，2012. 重庆市人才公共服务的政策演进与框架设计[J]. 重庆社会科学，(1)：96-104.

邓仕明，肖强，易咏梅，等，2018. 农林类专业实施卓越人才培养模式的探索与实践——以湖北民族学院林学、园艺专业为例[J]. 现代园艺，(3)：135-138.

杜健，2017. 高校教师考评制度异化：现状、根源、出路[J]. 黑龙江高教研究，(10)：104-107.

范冬清，王歆玫，2017. 秉承卓越：美国研究型大学跨学科人才培养的特点、趋势及启示[J]. 国家教育行政学院学报，(9)：80-86.

方敏，2016. 小地方如何留住人才[N]. 人民日报，12-12(1).

冯惠玲，2008. 澳大利亚、新西兰两国大学科学研究的基本理念[J]. 中国高等教育，(13)：77-78.

高辉，郭文善，严长杰，2017. 复合应用型卓越农学人才培养目标与对策[J]. 实验室研究与探索，(4)：209-211.

高迎爽，2010. 法国高等教育质量保障历史研究(20世纪80年代至今)——基于政府层面的分析[D]. 上海：华东师范大学.

贡喆，刘昌，沈汪兵，2016. 有关创造力测量的一些思考[J]. 心理科学进展，24(1)：31-45.

顾秉林，2008. 培养拔尖创新人才首重德育[J]. 中国高等教育，(11)：6-8，26.

郭春华，刘小冬，罗文新，等，2016. 园林专业卓越实用技能型人才培养模式改革探索[J]. 中国园艺文摘，(3)：207-209.

郭刚奇，2013. 生态文明与高等农林教育的使命[J]. 中国高等教育，(17)：16-18.

郭文娟，2006. 高校研究生导师队伍建设研究[D]. 长沙：湖南大学.

海南省人民政府，2018. 海南省人民政府关于印发海南省公共信息资源管理办法的通知[EB/OL].
　　(2018-06-08)[2018-06-12]. http://www.hainan.gov.cn/hainan/15512/201806/2ea595f1452a4ba3a4433575a0617daf.
　　shtml.

韩春蕊，宋先亮，2017. 卓越农林计划复合应用型人才培养模式的探讨——以林产化工专业为例[J]. 科技创新导
　　报，(29)：239-240.

何军，王越，2016. 以基础设施建设为主要内容的农业供给侧结构改革[J]. 南京农业大学学报(社会科学版)，16(6)：
　　6-13，152.

侯国清，姜桂兴，2005. 保持科学卓越 抓住创新机遇——英国科技政策白皮书《卓越与机遇：21 世纪的科学和创
　　新政策》述评[J]. 中国软科学，(4)：156-158.

华尔天，计伟荣，吴向明，2017. 中国加入《华盛顿协议》背景下工程创新人才培养的探索与实践[J]. 中国高教
　　研究，(1)：82-85.

黄福，2016. 日本大学质量保障体系的建立与基本特征[J]. 深圳大学学报(人文社会科学版)，33(4)：143-149.

黄泰岩，程斯辉，2008. 关于我国高校教师考核评价的几个基本问题[J]. 武汉大学学报(哲学社会科学版)，(1)：
　　131-137.

黄文伟，2017. 中国特色教育政策的评价研究——基于对"211""985""双一流"工程政策的比较分析[J]. 现
　　代教育论丛，(6)：2-6.

贾永堂，2012. 大学教师考评制度对教师角色行为的影响[J]. 高等教育研究，(12)：57-62.

贾永堂，崔波，2014. 论我国高校创新人才培养的四个根本转变[J]. 现代大学教育，(1)：106-110.

江汉森，2016. 现代农业视野下的地方高水平院校卓越农林人才培养研究[D]. 福州：福建农林大学.

姜璐，黄维海，戴廷波，等，2017. 拔尖创新型卓越农林人才培养模式的探索与构建——基于中美比较研究的视角
　　[J]. 高等农业教育，(6)：118-123.

蒋国河，2009. 中国高校教师流动三十年[J]. 江西财经大学学报，(6)：115-120.

蒋洪池，夏欢，2018. 欧洲高等教育区外部质量保障：标准、方式及其程序[J]. 高教探索，(1)：83-87.

靳玉乐，李红梅，2017. 英国研究型大学拔尖创新人才培养的经验及启示[J]. 高等教育研究，38(6)：98-104.

李昌新，2008. 营造一流大学的教学氛围——墨尔本大学教学改革的经验与启示[J]. 中国农业教育，(6)：21-23.

李冬，2013. 美国：四大举措选拔优秀人才[N]. 中国教育报，2013-02-17(4).

李进，2016. 工匠精神的当代价值及培育路径研究[J]. 中国职业技术教育，(27)：27-30.

李坤鹏，2013. 美国、印度与中国人才资源开发与管理政策比较研究[D]. 临汾：山西师范大学

李娜，2013. 印度高校科技创新创业人才培养策略探析[J]. 复旦教育论坛，11(4)：75-79.

李巧平，2008. 墨尔本模式：澳大利亚公立大学新型人才培养模式的探路者[J]. 全球教育展望，(12)：46-51.

李树峰，2014. 从"双师型"教师政策的演进看职业教育教师专业发展的定位[J]. 教师教育研究，26(3)：17-22.

李伟东，潘伟明，2010. 关于财政投入支持高等农业教育发展的几点思考[J]. 广东农业科学，37(8)：290-291，
　　301.

李伟铭，黎春燕，2011. 产学研合作模式下的高校创新人才培养机制研究[J]. 现代教育管理，(5)：102-105.

李筱筠，2014. 农科硕士研究生培养质量内部监控体系研究[D]. 武汉：华中农业大学.

李贞刚，王红，陈强，2018. 基于 PDCA 模式的质量保障体系构建[J]. 高教发展与评估，(2)：32-40.

李志义，朱泓，刘志军，等，2013. 研究型大学拔尖创新人才培养体系的构建与实践[J]. 高等工程教育研究，(5)：130-134.

李祖超，王甲旬，2016. 美国研究型大学培养科技创新人才的经验与特色[J]. 清华大学教育研究，(2)：35-43.

蔺万煌，苏益，夏石头，等，2018. 校企合作在高等农业院校生物学类专业人才培养中的探索与实践[J]. 高校生物学教学研究(电子版)，8(1)：38-41.

刘燕，曾力，2017. 新建地方综合性高校实用技能型农林人才培养探讨[J]. 高教学刊，(22)：168-170.

刘洋，2015. 英国人才发展战略的分析与评价及对我国的启示[J]. 沧州师范学院学报，31(4)：124-128.

刘志民，2009. 从全国一级学科评估结果看农林院校学科发展现状[J]. 中国农业教育，(2)：7-10.

龙飞，2015. 德国应用技术大学(FH)对我国新建本科高校转型的启示[D]. 重庆：西南大学.

娄娟，2016. 国家实用技能型卓越园林人才培养改革与实践[J]. 西南师范大学学报(自然科学版)，41(7)：189-192.

罗丽琳，2018. 大数据视域下高校精准资助模式构建研究[J]. 重庆大学学报(社会科学版)，(2)：197-204.

罗利佳，2007. 美国研究生教育质量保证机制探视[J]. 长春工业大学学报(高教研究版)，(3)：95-97，110.

马洁，2015. 从国家社科基金项目看"211"农林高校社科发展现状[J]. 中国高校科技，(8)：20-22.

马勇霞，2016. 完善权力运行制约和监督机制的思考[N]. 中国纪检监察报，2016-04-27(5).

马跃，王丰，2013. 农业院校培养全面发展拔尖创新型人才思考[J]. 沈阳农业大学学报(社会科学版)，15(1)：46-50.

毛智辉，睢依凡，2018. 跨学科教育学硕士生专业认同的实证研究[J]. 学位与研究生教育，(6)：57-61.

梅红，宋晓平，2012. 研究生教育外部质量保障体系建设思考[J]. 研究生教育研究，(6)：13-18.

穆亚荣，2017. 我国高校教师考评制度改革探讨[J]. 新西部(理论版)，(7)：88-89.

潘静，2016. "双一流"建设的内涵与行动框架[J]. 江苏高教，(5)：24-27.

潘琦，2016. 基于硕士研究生期望的导师队伍建设研究[D]. 锦州：渤海大学.

庞守兴，2017. "双一流"建设我们应当警惕什么?[J]. 教育发展研究，37(21)：3.

秦剑军，2008. 知识经济时代人才强国战略研究[D]. 武汉：华中师范大学.

邱雅，杨希，2016. 个体创新行为评价及其在高校科研创新中的应用[J]. 中国高等教育评估，(4)：30-35.

师丽娟，2016. 中外农业工程学科发展比较研究[D]. 北京：中国农业大学.

施菊华，2015. 试析卓越农林人才实践能力培养[J]. 高校实验室工作研究，(4)：109-110.

施菊华，耿德雷，2014. 卓越农林计划拔尖创新型人才培养路径选择[J]. 高校实验室工作研究，(4)：97-99.

史万兵，2010. 美国高校投资绩效评价的经验与启示[J]. 现代教育管理，(9)：100-104.

舒康云，陶永元，2012. 兰祖利"三元人才理论"及教学模式建构[J]. 楚雄师范学院学报，27(10)：86-92.

宋鑫，2012. 荷兰高等教育教学质量保障模式的发展历程及特点分析[J]. 高校教育管理，6(4)：53-58.

苏仰娜，2016. 基于多元智能理论与 Moodle 平台活动记录的翻转课堂学习评价研究——以"多媒体课件设计与开发"课程实践为例[J]. 电化教育研究，37(4)：77-83.

孙冬梅，陈霞，陈昂昂，2015. 荣誉项目：美国高校拔尖创新人才培养模式研究——以华盛顿大学为例[J]. 教育与教学研究，29(8)：8-11.

汤小婷，2011. 英国公学精英人才培养研究[D]. 成都：四川师范大学.

万洪英，万明，裴晓敏，2013. 研究生个性化培养的思考与探索——以中国科学技术大学研究生个性化培养实践为例[J]. 学位与研究生教育,(1):31-35.

万莹,2011. 专业学位研究生教育对导师队伍建设的挑战与对策研究[D]. 南昌:南昌大学.

万圆,肖玮萍,欧颖,2018. 基于卓越的公平:牛津大学本科招生的理念与实现路径[J]. 外国教育研究,45(1):3-19.

汪云香,田立新,符永宏,2013. 卓越人才自主学习行为的观察与思考——对江苏某高校"卓越班"学生的 NSSE 学情调研[J]. 高校教育管理,7(4):26-29,34.

王桂艳,2013. 美国高校内部质量指标研究[D]. 厦门:厦门大学.

王举,胡友彬,汪晋,2016. 个性化人才培养机制初探[J]. 文教资料,(26):92-93.

王丽霞,2017. "墨尔本模式"对我国研究型大学本科人才培养的启示[J]. 黑龙江畜牧兽医,(5):264-266.

王牧华,全晓洁,2014. 美国研究型大学本科拔尖创新人才培养及启示[J]. 教育研究,(12):149-155.

王庆石,刘伟,2012. 卓越人才的内涵与素质标准构建[N]. 光明日报,2012-10-16(16).

王庆石,刘伟,孙宗扬,等,2013. 本科层次卓越会计人才培养标准研究与设计[J]. 教育研究,34(1):97-100.

王涛,2003. 中国学位与研究生教育学会农林学科研究生教育分会召开年会[J]. 学位与研究生教育,(2):44.

王晓辉,2014. 一流大学个性化人才培养模式研究[D]. 武汉:华中师范大学.

王晓慧,王一凡,2006. 当今时代背景下高校人才培养模式探略[J]. 黑龙江高教研究,(2):153-154.

王新凤,2017. 钟秉林. 欧洲高等教育区质量保障的发展趋势与经验借鉴[J]. 中国大学教学,(12):84-90.

王艳,2009. 农林院校拔尖创新人才培养模式研究[D]. 咸阳:西北农林科技大学.

武志海,耿艳秋,张君,等,2016. 国家复合应用型卓越农林人才培养专业建设的实践与思考[J]. 农业与技术,(23):184-186.

武志海,张君,耿艳秋,等,2017. 复合应用型人才培养教学理念、教学模式及应用思考[J]. 高等农业教育,(1):61-64.

夏睦群,2017. 对深化高校教师考核评价制度改革的思考[J]. 中国高等医学教育,(2):13-14.

夏雁军,金礼久,2016. 遴选与评价:高校学生资助工作机制创新研究[J]. 黑龙江高教研究,(3):47-49.

肖玲,2015. 基于 TEQSA 的澳大利亚高等教育质量保障路径的研究[D]. 长沙:湖南大学,14-23.

肖霞,2005. 高等农业院校博士生导师队伍管理创新研究[D]. 武汉:华中农业大学.

萧鸣政 2009. 人才评价机制问题探析[J]. 北京大学学报(哲学社会科学版),(3):31-36.

谢华丽,2016. 拔尖创新型农业人才培养的实证研究[D]. 长沙:湖南农业大学.

谢健,2017. 地方本科高校复合应用型人才培养模式探讨[J]. 教育理论与实践,37(36):3-5.

辛志宏,董洋,徐幸莲,2016. "复合应用型食品科学与工程"卓越农林人才培养体系构建与探索[J]. 中国农业教育,(4):30-35.

徐波,2006. 构建复合应用型人才培养模式思考——论教学型高校人才培养的定位[J]. 嘉兴学院学报,(5):124-126,139.

徐国兴,2007. 日本高等教育评价制度研究[M]. 合肥:安徽教育出版社.

徐岚,陶涛,周笑南,2018. 跨学科研究生核心能力及其培养途径——基于美国 IGERT 项目的分析[J]. 学位与研究生教育,(5):61-68.

徐新洲,薛建辉,勇强,2014. 协同创新视角下的卓越林业人才培养机制探索[J]. 高校教育管理,(4):92-96.

徐雪芬，辛涛，2013. 创造力测量的研究取向和新进展[J]. 清华大学教育研究，(1)：54-63.

许泉，刘欣，2016. 产学研合作教育培养高层次人才的研究——以南京农业大学校企产学研合作教育为例[J]. 高等农业教育，(6)：40-43.

许文静，2010. 印度理工学院入学考试探析[J]. 教育与考试，(1)：27-30.

薛华领，2012. 以色列教育立国之路与创新策略[J]. 教育研究，33(11)：146-149.

闫莉，2010. 学习者发展项目对英语学习自主性的长期作用研究[J]. 外语界，(3)：21-29.

杨红军，2017. 东京大学研究生院重点化改革评价与反思[J]. 学位与研究生教育，(1)：71-77.

杨红霞，2014. 改革人才培养模式 提高人才培养质量——国家教育体制改革试点调研报告[J]. 中国高教研究，(10)：44-51.

杨继平，张雪莲，2006. 山西省高校教师工作满意度的调查研究[J]. 教育理论与实践，(13)：39-43.

杨书臣，2004. 近年日本人才战略浅析[J]. 现代日本经济，(6)：39-43.

杨玉娥，2018. 产学研合作教育培养创新型人才研究[J]. 合作经济与科技，(7)：167-169.

尹一丁，2015. 印裔高管为何这么强?[J]. 清华管理评论，(12)：8-12.

由由，2014. 高校教师流动意向的实证研究：工作环境感知与工作满意的视角[J]. 北京大学教育评论，12(2)：128-140.

于辉，2007. 高校教师工作满意度的调查研究[D]. 长春：东北师范大学.

袁晓梅，2018. 用发展性评价体系构建独立学院教师考评制度——以延安大学西安创新学院为例[J]. 经济研究导刊，(2)：68-70.

苑同宝，2016. 耕整地机具及地力提升前景可期——藏粮于地、藏粮于技战略发布的启示[J]. 农机市场，(1)：24-25.

查子秀，1998. 中国超常心理和教育研究[J]. 金秋科苑，(4)：4-5.

翟月，陈玥，2017. 美国专业认证制度及其在博士生教育外部质量保障中的作用探析[J]. 黑龙江高教研究，(3)：77-80.

张宝昌，刘钢，王新民，2018. 高校内部教学质量保障体系建设成熟度评价研究[J]. 现代教育科学，(2)：37-43.

张全国，何松林，宋安东，等，2013. 实施综合改革工程 培养应用型卓越农林人才[J]. 高等农业教育，(7)：3-6.

张微，2009. 英国高等教育外部质量保障制度研究——政府、市场和大学[D]. 长春：东北师范大学.

张亚玲，林志伟，郑雯，等，2018. 农业院校适应学生个性化发展卓越实用技能型人才培养模式实践及探索[J]. 当代畜牧，(6)：42-44.

张英杰，2010. 新西兰高等教育的特点、趋势和启示[J]. 云南民族大学学报(哲学社会科学版)，27(5)：12-17.

赵新亮，胡海燕，2016. 实用技能型卓越农学专业人才培养的实践教学改革[J]. 河南科技学院学报，36(12)：97-99.

赵忠，刘彬让，2011. "墨尔本模式"对我国研究型农业大学本科人才培养的启示[J]. 高等农业教育，(8)：3-7.

郑忠梅，2015. 珍视大学声望 守护大学精神——"墨尔本模式"发展及其启示[J]. 高等教育研究，(10)：96-102.

中共中央，国务院，2011. 中共中央 国务院关于加快推进农业科技创新持续增强农产品供给保障能力的若干意见[EB/OL]. (2011-12-31)[2018-06-04]. http://www.gov.cn/gongbao/content/2012/content_2068256.htm.

中共中央办公厅，国务院办公厅，2001. 中共中央办公厅、国务院办公厅关于加强专业技术人才队伍建设的若干意见[EB/OL]. (2001-06-19)[2018-06-04]. http://www.most.gov.cn/kjzc/gjkjzc/kjrc/201308/t20130823_108381.htm.

中共中央办公厅，国务院办公厅，2018. 中共中央办公厅　国务院办公厅印发《关于分类推进人才评价机制改革的指导意见》[EB/OL]. (2018-02-26) [2018-06-12]. http://www.gov.cn/zhengce/2018-02/26/content_5268965.htm.

中华人民共和国国家林业局，2005. 关于加强林业人才工作的意见[EB/OL]. (2005-01-15) [2018-06-12]. http://www.forestry.gov.cn/main/4818/content-797058.html.

中华人民共和国教育部，财政部，2011. 教育部 财政部关于"十二五"期间实施"高等学校本科教学质量与教学改革工程"的意见[EB/OL]. (2011-07-01) [2018-05-25]. http://old.moe.gov.cn/publicfiles/business/htmlfiles/moe/s5818/201107/122688.html.

中华人民共和国教育部，财政部，国家发展改革委，2017. 教育部 财政部 国家发展改革委关于公布世界一流大学和一流学科建设高校及建设学科名单的通知[EB/OL]. (2017-09-21) [2018-06-04]. http://www.moe.gov.cn/srcsite/A22/moe_843/201709/t20170921_314942.html.

中华人民共和国教育部，农业部，国家林业局，2013. 关于实施卓越农林人才教育培养计划的意见[EB/OL]. (2013-11-22) [2018-05-25]. http://old.moe.gov.cn//publicfiles/business/htmlfiles/moe/s7949/201404/166946.html.

中华人民共和国教育部，农业部，国家林业局，2013. 教育部 农业部 国家林业局关于推进高等农林教育综合改革的若干意见[EB/OL]. (2013-11-22) [2018-6-7]. http://old.moe.gov.cn/publicfiles/business/htmlfiles/moe/s7831/201404/xxgk_166947.html.

中华人民共和国教育部，农业部，国家林业局，2014. 教育部 农业部 国家林业局关于批准第一批卓越农林人才教育培养计划改革试点项目的通知[EB/OL]. (2014-09-22) [2018-06-04]. http://www.moe.gov.cn/srcsite/A08/moe_740/s7949/201409/t20140929_176020.html.

钟勇为，梁琼，2018. 研究生培养质量内部保障体系构建的误区与出路[J]. 研究生教育研究，(2)：42-47.

周光礼，黄容霞，2013. 教学改革如何制度化——"以学生为中心"的教育改革与创新人才培养特区在中国的兴起[J]. 高等工程教育研究，(5)：47-56.

周璇，刘悦男，2008. 个性化、多元化教育理念与高校人才培养战略[J]. 学术交流，(12)：303-306.

朱冰莹，董维春，黄骥，2016. 卓越农林人才培养模式初探——基于拔尖创新型人才的理论与实践解析[J]. 中国农业教育，(6)：24-30，44.

朱莉莉，2018. 高校拔尖创新人才培养策略[J]. 知识经济，(4)：177-178.

朱勇，王立地，王开田，2018. 强化创新意识培养，为大学生创新创业营造有利环境[J]. 教书育人(高教论坛)，(15)：108-109.

Byrd R E，1986. Creativity and risk-taking[R]. San Diego：Pfeiffer International Ltd.

Gardner H，2006. Multiple Intelligences：New Horizons in Theory and Practice[M]. New York：Perseus Books.

Guilford J，1950. Creativity[J]. American Psychologist，5：444-454.

Kelley H H，1973. The processes of causal attribution[J]. American Psychologist，28(2)：107.

Renzulli J S，Reis S M，1994. Research related to the schoolwide enrichment triad Model1[J]. Gifted Child Quarterly，38(1)：7-20.

Renzulli J，Reis S，Shaughnessy M F，2014. A reflective conversation with Joe Renzulli and Sally Reis：About the Renzulli learning system[J]. Gifted Education International，30(1)：24-32.

Rhodes M. 1961. An analysis of creativity[J]. The Phi Delta Kappan，42:305-310.

Sternberg R J，1995. In Search of the Human Mind[M]. New York：Harcourt Brace College Publishers.

Sternberg R J，Grigorenko E L，1993. Thinking styles and the gifted[J]. Roeper Review，16(2)：122-130.

Torrance E P，Goff K，1989. A quiet revolution[J]. The Journal of Creative Behavior，23(2)：136-145.

Walley C，1994. National excellence：A case for developing America's talent[J]. Childhood Education，71(2)：118.

Yair G，2008. Can we administer the scholarship of teaching? Lessons from outstanding professors in higher education[J]. Higher Education，55(4)：447-459.